천만이 뽑은 맛보장 한그릇요리

KB206560

\ 천만이 뽑은 /
맛보장
한그릇요리

초판 1쇄 발행 2022년 5월 10일
초판 7쇄 발행 2025년 4월 30일

지은이 만개의 레시피
펴낸이 이인경
총괄 이창득
편집 최원정
디자인 유어텍스트

펴낸곳 ㈜이지에이치엘디　**주소** 서울특별시 금천구 가산디지털1로 145, 1106호
전화 070-4896-6416　**팩스** 02-323-5049　**이메일** help@10000recipe.com
홈페이지 www.10000recipe.com　**인스타그램** @10000recipe
유튜브 www.youtube.com/c/10000recipeTV
네이버TV tv.naver.com/10000recipe　**페이스북** www.facebook.com/10000recipe

출판등록 2018년 4월 17일

사진 박형주(Yul studio)
푸드 스타일링 김미은, 노정아
요리 이예은
인쇄 ㈜홍인그룹

ISBN 979-11-964370-8-4 13590

• 만개의 레시피는 ㈜이지에이치엘디의 요리 전문 브랜드입니다.
• 잘못된 책은 구입한 곳에서 바꾸어 드립니다.
• 책값은 뒤표지에 있습니다

반찬, 국 없어도 OK!

◆ 만개의 레시피 지음 ◆

천만이 뽑은
맛보장
한그릇요리

만개의레시피

반찬, 국 없는 날엔
한 그릇 요리 하세요

믿고 보는 만개의 레시피 요리 시리즈, 한 그릇 요리 편

만개의 레시피가 베스트&스테디셀러 '700만이 뽑은 요리' 시리즈의 뜨거운 호응에 힘입어 《천만이 뽑은 맛보장 한 그릇 요리》를 만들었어요. 이제 천만 명을 훌쩍 넘은 만개의 레시피 회원들의 리얼 맛 후기와 평점으로 뽑은 한 그릇 레시피를 정성스레 담았습니다. 요리 1위 앱 '만개의 레시피'를 뜨겁게 달군 명품 레시피를 만나보세요. 검증과 확인 과정까지 거쳐 누가 만들어도 맛있습니다.

촉촉한 덮밥부터 쫄깃 탱글 면요리까지

한 그릇에 담아 즐길 수 있는 인기 밥 요리와 면 요리를 모두 담았어요. 후루룩 면 치기 하고 싶은 날에도, 덮밥이나 볶음밥이 당기는 날에도 《천만이 뽑은 맛보장 한 그릇 요리》를 펼쳐보세요.

만드는 건 간단해도 꽤 근사한 뚝딱 요리

마땅한 반찬 없는 보통날엔 버섯덮밥이나 삼겹살 김치볶음밥 등으로 맛있는 한 끼를 차려보세요. 혼밥으로도 그만이랍니다. 특별한 날에도 꼬막비빔밥, 함박스테이크, 고추잡채덮밥 등 한 그릇 요리로 한껏 기분을 내보세요. 세상 귀찮을 때는 초간단 한 그릇 요리로 휘리릭 뚝딱 맛있는 한 끼 해결! 만드는 건 간단해도 꽤 근사하고 든든하답니다.

맞벌이 부부, 싱글족, 자취생도 끼니 걱정 끝!

바쁜 맞벌이 부부도, 끼니 거르기 쉬운 싱글족, 자취생도 한 그릇 요리로 쉽고 간편하게 제대로 된 식사를 즐길 수 있어요. 요리 초보도 '최소의 시간에 최대의 효과'를 누릴 수 있도록 안내하는 알짜 팁도 꼼꼼히 챙겨 넣었으니 부담 없이 간단하게 요리하세요.

이 책으로 여러분의 쿠킹라이프가 더욱 풍요로워지길 바랍니다.
만개의 레시피는 늘 여러분과 음식으로 소통하고, 마음을 나누겠습니다.
감사합니다.

Contents

PART 1
한 그릇 밥요리

1 보통날의 한그릇 요리

함께 먹으면 더 맛있어요

곁들여 먹으면 좋은 간단 무침

🥄 밥숟가락으로 계량하기

가루류 계량하기

설탕 1숟가락: 숟가락에 수북이 떠서 위로 볼록하게 올라오도록 담아요.

설탕 ½숟가락: 숟가락에 절반 정도만 볼록하게 담아요.

설탕 ⅓숟가락: 숟가락에 ⅓정도만 볼록하게 담아요.

액체류 계량하기

간장 1숟가락: 숟가락에 한가득 찰랑거리게 담아요.

간장 ½숟가락: 숟가락에 가장자리가 보이도록 절반 정도만 담아요.

간장 ⅓숟가락: 숟가락에 ⅓ 정도만 담아요.

장류 계량하기

고추장 1숟가락: 숟가락에 가득 떠서 위로 볼록하게 올라오도록 담아요.

고추장 ½숟가락: 숟가락에 절반 정도만 볼록하게 담아요.

고추장 ⅓숟가락: 숟가락에 ⅓ 정도만 볼록하게 담아요.

🥛 종이컵으로 계량하기

육수 1종이컵: 종이컵에 찰랑거리게 담아요.

밀가루 1종이컵: 종이컵에 가득 담고 자연스럽게 윗면을 깎아요.

콩 1종이컵: 종이컵에 가득 담고 윗면을 깎아요.

🤲 손으로 계량하기

시금치 1줌: 손으로 자연스럽게 한가득 쥐어요.

부추 1줌: 500원 동전 굵기로 자연스럽게 쥐어요.

약간: 엄지손가락과 둘째 손가락으로 살짝 쥐어요.

⚖️ 100g 계량하기

육류: 손바닥 크기 (사방 5cm × 두께 2cm)

생선: 고등어 1토막

둥근 채소: 양파 1/2개

긴 채소: 당근 1/2개

요리의 기본, 재료 써는 법

통썰기

재료 모양 그대로 썰어요.
<예> 애호박전, 오이무침 등을 만들 때 써요.

채썰기

통썰기 한 후 일정한 간격으로
얇게 썰어요.
<예> 무생채, 잡채 등을 만들 때 써요.

막대썰기

통썰기 한 후 막대 모양이 되도록
일정한 간격으로 썰어요.
<예> 장아찌, 피클 등을 만들 때 써요.

깍뚝썰기

막대썰기 한 후 정사각형이 되도록
일정한 간격으로 썰어요.
<예> 카레, 깍두기 등을 만들 때 써요.

나박썰기

막대썰기 한 후 옆으로 돌려 일정한
간격으로 썰어요.
<예> 나박김치, 뭇국 등을 만들 때 써요.

어슷썰기

긴 재료를 비스듬히 썰어요.
<예> 대파, 오이, 고추를 손질할 때 써요.

반달썰기

길고 둥근 모양의 재료를 세로로 길게
반 가른 후 일정한 간격으로 썰어요.
<예> 애호박, 당근, 감자 등을 썰어 찌개나 탕에 넣을 때 써요.

돌려깎아 채썰기

길고 둥근 모양의 재료를 5cm 정도 통썰기 한 후
껍질 부분에 칼을 넣어 돌려 깎고 채 썰어요.
<예> 미역냉국, 냉채 등을 만들 때 써요.

곁들임 양념장 만드는 법

만들어 두면 요리가 즐거워지는 양념장 3가지를 소개합니다. 시간 없을 때 밥이나 면에 곁들여 간편하게 활용해 보세요.

1 비빔양념간장

비빔밥, 솥밥 등에 곁들일 수 있는 간장 베이스의 양념장이에요.

2인분 | 5분

재료

☐ 간장 3숟가락 ☐ 설탕 1/2숟가락
☐ 물 1숟가락 ☐ 참기름 1숟가락
☐ 다진 대파 1숟가락 ☐ 고춧가루 1/2숟가락
☐ 통깨 1숟가락

만드는법 ....

1 볼에 재료를 넣고 잘 섞어요.

2 만능볶음고추장

한 번 만들 때 넉넉하게 만들어 두면 두루두루 사용하기 좋은 만능고추장이에요.
비빔밥, 쌈장, 국수 등 다양하게 사용해 보세요.

🍴 6인분 | 🍲 30분

재료

☐ 소고기 다짐육 200g ☐ 고추장 1종이컵
☐ 식용유 2숟가락

양념 재료

☐ 설탕 1숟가락 ☐ 물엿 3숟가락
☐ 간장 1숟가락 ☐ 다진 마늘 2숟가락
☐ 다진 대파 4숟가락
☐ 다진 생강 1/3숟가락 ☐ 참기름 1숟가락
☐ 후추 약간 ☐ 통깨 1숟가락

만드는법

1 소고기는 키친타월로 핏물을 제거해요.

2 볼에 **양념 재료**를 넣어 양념장을 만들어요.

3 달군 팬에 식용유를 두르고 소고기가 뭉치지 않도록 보슬보슬하게 볶아요.

4 고기가 완전히 익으면 양념장과 고추장을 넣고 타지 않게 약불에서 2분간 볶아요.

5 불을 끄고 완전히 식혀 냉장고에서 보관해요.

　식힌 후 밀폐용기에 넣어 냉장고에 보관하면 약 2주 정도 보관 가능해요.

3 강된장

강된장에 밥 비벼 먹으면 한 그릇 뚝딱이죠. 구수한 강된장을 곁들여
속도 편하고 맛도 좋은 한 끼를 해결해보세요.

🍴 3인분 | 🍲 20분

재료

☐ 표고버섯 2개 ☐ 양파 1/2개
☐ 애호박 1/3개 ☐ 청양고추 2개
☐ 대파 1대 ☐ 참기름 약간

양념 재료

☐ 멸치다시마육수 1종이컵 ☐ 된장 3숟가락
☐ 고추장 1/2숟가락 ☐ 다진마늘 1숟가락
☐ 고춧가루 1숟가락 ☐ 설탕 1숟가락
☐ 후추 약간

만드는법

1 표고버섯, 양파, 애호박은 0.5cm 크기로 다져요.

2 청양고추, 대파는 송송 썰어요.

3 냄비에 참기름을 두르고 표고버섯, 양파, 애호박, 대파를 중불에서 볶아요.

4 양파가 투명해지면 **양념 재료**를 넣고 고루 풀어 중불에서 10분간 끓여요.
   멸치다시마육수 대신 물을 사용해도 괜찮아요.

5 국물이 1/2 정도 줄어들면 청양고추를 넣고 5분간 끓여 완성해요.

멸치육수

국수나 탕류에 주로 사용돼요. 본 재료들의 맛은 살려주고 국물 맛은 깊어져요.

재료

☐ 국물용 멸치 1줌(15마리)　☐ 대파 1대　☐ 양파 1/4개　☐ 물 5종이컵

1　멸치는 배를 갈라 내장을 제거해요.
　　내장을 제거하지 않으면 쓴맛이 나요.
2　키친타월을 깐 접시에 멸치를 담고 전자레인지에 40초 정도 돌려요.
3　냄비에 멸치, 대파, 양파, 물을 넣고 15분간 끓여요.
4　체에 걸러 완성해요.

다시마육수

해산물요리나 고기요리에 사용하면 더 깊은 맛을 낼 수 있어요. 다시마를 오래 끓이면 국물이 탁해져요.

재료

☐ 다시마(10×10㎝) 1장　☐ 물 6종이컵

1　다시마는 마른 헝겊으로 겉에 묻힌 먼지를 털어내요.
2　냄비에 물과 다시마를 넣고 약불에서 서서히 끓여요.
3　육수가 끓으면 다시마를 건져내요.
　　다시마를 찬물에 하루 정도 불린 후 다시마만 건져내고 사용해도 좋아요.

멸치다시마육수

감칠맛이 좋아 전골, 조림, 생선요리 등에 주로 사용돼요.

재료

☐ 국물용 멸치 1줌(15마리) ☐ 다시마(10×10cm) 1장 ☐ 무 1/5개(300g)
☐ 양파 ½개 ☐ 물 6종이컵

1 멸치는 배를 갈라 내장을 제거해요.
  내장을 제거하지 않으면 쓴맛이 나요.

2 키친타월을 깐 접시에 멸치를 담고 전자레인지에 40초 정도 돌려요.

3 마른 헝겊으로 다시마의 먼지를 닦아요.

4 냄비에 멸치, 다시마, 무, 양파, 물을 넣고 10분간 끓여요.

5 물이 끓으면 다시마를 건져요.

6 10분간 더 끓이고 체에 걸러 완성해요.

닭육수

닭 전체나 닭뼈로 끓이며 향신채에 따라 한식, 중식, 양식에 사용 가능해요.

재료

☐ 닭 1마리 ☐ 통후추 10알 ☐ 마늘 5개 ☐ 대파 1대 ☐ 양파 1개
☐ 월계수잎 ☐ 물 약 2ℓ

1 깨끗이 세척한 닭, 채소, 통후추, 월계수잎을 찬물에 넣고 센 불에서
  끓여요. 떠오르는 불순물은 제거해요.

2 끓으면 중약불에서 30~40분간 끓여요.

3 닭을 건지고 고운체에 걸러 용도에 맞게 사용해요.
  시판용 치킨스톡 사용법: 뜨거운 물 1ℓ에 치킨스톡 파우더 1숟가락을 넣고 희석
  해서 용도에 맞게 사용해요. 제품마다 희석양이 다르므로 제품사용법을 참고하는
  것이 좋아요.

Part 1
한 그릇
밥요리

때우는 끼니가 아닌 제대로 된 만찬을 한 그릇에 가득 담아 즐겨 보세요. 보통날엔 촉촉한 덮밥 한 그릇으로 피곤한 하루를 달래 보는 건 어때요? 주말 오전엔 한가로운 휴식 같은 브런치 한 그릇으로 소확행! 오늘의 기분 따라 상황 따라 맛있고 든든한 한 그릇 하세요.

1.

보통날의
한 그릇
요리

한 그릇 요리는 간편하지만 든든해요. 오늘은 온 가족을 위한 영양 만점 요리,
소고기 아스파라거스볶음밥 어떠세요? 아침엔 저녁에 끓여두고 바쁜 아침에 후다닥 먹기 좋은
토마토 치킨카레! 술 먹은 다음 날엔 김치 콩나물국밥이 제격이지요. 주말엔 이국적인 맛과 향이
그만인 치킨스리라차볶음밥을 즐겨보세요.

튼튼한 고기덮밥 휘리릭 뚝딱!
돼지고기 생강덮밥

알싸한 생강과 돼지고기는 찰떡궁합이죠. 은은한 생강향이 돼지고기의 잡내를 잡아주고 소화도 도와준답니다.

얇게 썬 불고깃감이나 대패삼겹살로 볶아 빠르고 간편하게 만들 수 있는 든든한 한 그릇 요리랍니다.

생강의 향을 좋아한다면 채 썬 생강을 사용해도 좋아요.

2인분

 20분

양파는 채 썰고, 쪽파는 송송 썰어요.

볼에 **양념장 재료**를 넣고 양념장을 만들어요.

중불로 달군 팬에 식용유를 두르고 양파를 볶아요.

양파가 투명해지면 돼지고기를 넣고 센불에서 볶아요.

 재료

□ 돼지고기 앞다리살(불고기용)
  1/2팩(250g)
□ 양파 1개
□ 달걀 노른자 2개
□ 쪽파 2줄
□ 식용유 약간
□ 밥 2공기

양념장 재료
□ 간장 3숟가락
□ 맛술 2숟가락
□ 설탕 1+1/2숟가락
□ 다진 생강 1작은술

돼지고기가 익으면 양념장을 넣고 중불에서 볶아요.

그릇에 밥을 담고 **5**를 얹은 다음 쪽파, 노른자를 올려 완성해요.

고기보다 버섯!
모둠버섯덮밥

다양한 버섯을 듬뿍 넣은 덮밥이에요. 버섯은 종류별로 향과
식감이 달라서 취향에 맞는 버섯을 골라 만들어도 좋아요.
기본 양념장에 고춧가루가 들어가지만, 더 매콤한 맛을 원할 때는
청양고추를 더해 보세요.

보통날의
한 그릇 요리
2위

2인분

 20분

버섯의 종류는 취향에 따라 바꿔도 좋아요.

팽이버섯, 느타리버섯은 길게 찢고, 표고버섯은 채 썰어요.

대파는 송송 썰고, 양파는 채 썰어요.

볼에 **양념장 재료**를 섞어 양념장을 만들어요.

대파를 먼저 볶아 향을 내면 훨씬 풍미가 좋아져요.

달군 팬에 대파, 양파를 볶아 향을 내요.

 재료

□ 팽이버섯 1/2봉
□ 느타리버섯 1/2팩(100g)
□ 표고버섯 3개
□ 양파 1/2개
□ 대파 1대
□ 밥 2공기
□ 통깨 약간

양념장 재료
□ 간장 3숟가락
□ 물 6숟가락
□ 고춧가루 3숟가락
□ 참기름 1/2숟가락
□ 설탕 1+1/2숟가락

깨를 솔솔 뿌려 먹으면 더 맛있어요.

버섯을 넣고 2분간 센 불에서 볶다가 양념장을 넣고 중불에서 3분간 볶은 다음 밥에 얹어 완성해요.

보통날의 한 그릇 요리 3위

실패 없는 국민볶음밥
삼겹살 김치볶음밥

언제 먹어도 맛있는 김치볶음밥에 고소한 삼겹살을 더해 보세요.
식용유 대신 삼겹살 구운 기름으로 김치를 볶으면 고소한 맛이 더해져 훨씬 맛있어요. 얇게 썬 대패삼겹살로 만들어도 좋답니다.

만 | 드 | 는 | 법

 2인분

🍲 30분

1

배추김치는 다지고, 대파는 송송 썰어요.

2

볼에 **양념장 재료**를 넣고 양념장을 만들어요.

3

달군 팬에 삼겹살을 노릇하게 구운 다음 한입 크기로 잘라요.

4

삼겹살을 구운 팬에 대파, 김치를 넣고 중불에서 2~3분 볶아요.

 🔪 **재료**

☐ 삼겹살 1/2팩(200g)
☐ 밥 2공기
☐ 익은 배추김치 2종이컵
☐ 대파 1대

양념장 재료

☐ 간장 2숟가락
☐ 고춧가루 1숟가락
☐ 고추장 1숟가락
☐ 후추 약간
☐ 설탕 1숟가락
☐ 참기름 1/2숟가락

선택 재료

☐ 김 가루 약간

5

양념장과 밥을 넣고 센 불에서 2~3분 볶아요.

6

달걀프라이를 올려 먹어도 좋아요.

볶음밥을 그릇에 담고 김 가루를 뿌려 완성해요.

얼큰 칼칼한
순두부덮밥

부드러운 순두부와 다진 돼지고기를 넣어 호로록 넘기기 좋은 메뉴예요. 얼큰 칼칼해 술 마신 다음 날 해장 메뉴로도 좋은 덮밥이랍니다.

보통날의
한 그릇 요리
4위

만 | 드 | 는 | 법

 2인분

 30분

 재료

- ☐ 순두부 1봉지
- ☐ 밥 2공기
- ☐ 돼지고기 다짐육 1/5팩(80g)
- ☐ 양파 1/2개
- ☐ 대파 1/2대
- ☐ 식용유 약간
- ☐ 참기름 1숟가락
- ☐ 통깨 약간

양념장 재료

- ☐ 굴소스 1+1/2숟가락
- ☐ 설탕 1/2숟가락
- ☐ 다진 마늘 1/2숟가락
- ☐ 고춧가루 1숟가락
- ☐ 간장 3숟가락
- ☐ 후추 약간

전분물 재료

- ☐ 전분 1숟가락
- ☐ 물 2숟가락

1

양파는 채 썰고, 대파는 송송 썰어요.

2

전분물 재료를 섞어 전분물을 만들어요.

3

양념장 재료를 섞어 양념장을 만들어요.

4

순두부는 체에 밭쳐 물기를 제거해요.

5

> 양념장을 넣고 난 뒤에는 중약불로 볶아야 양념장이 타지 않아요.

달군 팬에 식용유를 두르고 대파, 핏물을 제거한 돼지고기를 볶다가 양파를 넣고 1~2분간 볶은 후 양념장을 넣고 볶아요.

6

> 물 대신 멸치 다시마육수를 사용해도 좋아요.

물 2종이컵과 순두부를 넣고 한소끔 끓인 후 전분물로 농도를 조절하고 통깨, 참기름을 넣어요.

7

그릇에 밥과 함께 담아 완성해요.

매콤하고 쫄깃한
오삼불고기덮밥

쫄깃한 식감의 오징어와 삼겹살을 매콤하게 볶아 흰쌀밥 위에 올려주면 반찬 없이도 한 그릇 뚝딱이에요.
오징어를 넣은 후에는 센 불에 빠르게 볶아야 물이 생기지 않는다는 점, 잊지 마세요.

만 | 드 | 는 | 법

2인분

30분

재료

- ☐ 손질 오징어 1마리
- ☐ 삼겹살 1/2팩(200g)
- ☐ 양파 1/2개
- ☐ 당근 1/4개
- ☐ 깻잎 5장
- ☐ 대파 1대
- ☐ 청양고추 1개
- ☐ 식용유 1숟가락
- ☐ 밥 2공기
- ☐ 통깨 약간

양념장 재료

- ☐ 고추장 2숟가락
- ☐ 고춧가루 3숟가락
- ☐ 설탕 2숟가락
- ☐ 간장 1+1/2숟가락
- ☐ 다진 마늘 1+1/2숟가락
- ☐ 매실액 1/2숟가락
- ☐ 후추 약간
- ☐ 참기름 1숟가락

① 양파, 깻잎은 채 썰고, 당근은 반달썰기 하고, 대파, 청양고추는 어슷 썰어요.

② 삼겹살은 한입 크기로 썰고, 오징어 몸통은 6×1cm, 오징어 다리는 6cm 길이로 썰어요.

③ **양념장 재료**를 섞어 양념장을 만들어요.

④ 달군 팬에 식용유를 두르고 대파를 볶아 향을 내요.

⑤ 4에 삼겹살, 양파, 당근을 넣고 센 불에 3분간 볶아요.

오징어를 넣고 센 불에 볶아야 물이 생기지 않아요.

⑥ 오징어를 넣고 2~3분간 센 불에서 볶다가 양념장, 청양고추를 넣고 중불에서 2분간 볶아요.

⑦ 그릇에 밥과 함께 담고 깻잎을 올린 다음 통깨를 뿌려 완성해요.

31

★ ★ ★
보통날의
한 그릇 요리
6위

먹을수록 중독되는 단짠단짠

치킨마요덮밥

도시락 전문점의 인기 메뉴 치킨마요덮밥! 달콤 짭조름한 간장 소스로 조린 닭가슴살과 부드러운 달걀 스크램블의 조화로
한 그릇 순식하게 되는 덮밥이에요. 달걀 스크램블을 아낌없이 듬뿍 올리는 게 포인트랍니다.

2인분

 30분

양파는 채 썰고, 쪽파는 송송 썰어요.

닭 안심을 사용해도 좋아요.

닭가슴살은 한입 크기로 썰고 소금, 후추로 밑간을 해요.

볼에 달걀, 소금, 후추를 넣고 잘 풀어 달걀물을 만들어요.

볼에 **소스 재료**를 넣고 볶음소스를 만들어요.

 재료

☐ 닭가슴살 1/2팩(250g)
☐ 양파 1개
☐ 쪽파 2대
☐ 달걀 4개
☐ 밥 2공기
☐ 식용유 약간
☐ 소금 약간
☐ 후추 약간

소스 재료

☐ 다진 마늘 1/2숟가락
☐ 간장 4숟가락
☐ 설탕 2숟가락
☐ 물 2숟가락

토핑

☐ 마요네즈 2숟가락

중불로 달군 팬에 식용유를 두르고 달걀물을 부어 한쪽 방향으로 저어가며 스크램블을 만든 뒤 접시에 담아요.

달군 팬에 식용유를 두르고 양파, 닭가슴살을 넣고 중불에서 볶다가 소스를 넣어 수분을 날리듯이 조려요.

그릇에 밥을 담고 스크램블, **6**을 얹은 다음 마요네즈와 쪽파를 뿌려 완성해요.

간편하지만 든든한 한 끼
애호박 참치덮밥

달큰한 애호박과 담백한 참치를 매콤하게 볶아 올린 덮밥이에요. 반찬 고민 되는 날 휘리릭 볶아 뚝딱 만들어 보세요.

2인분

 20분

1 통조림 참치는 체에 밭쳐서 기름을 제거해요.

2 애호박, 양파는 채 썰고, 대파는 송송 썰어요.

 재료

□ 참치 통조림 1캔
□ 애호박 1/2개
□ 양파 1/2개
□ 대파 1/2대
□ 참기름 약간
□ 통깨 약간
□ 식용유 1숟가락
□ 달걀 2개
□ 밥 2공기

양념장 재료

□ 고추장 1숟가락
□ 고춧가루 2숟가락
□ 간장 3숟가락
□ 굴소스 2숟가락
□ 다진 마늘 1/2숟가락
□ 맛술 1숟가락
□ 후추 약간

3 **양념장 재료**를 섞어 양념장을 만들어요.

4 달군 팬에 식용유를 두르고 달걀프라이를 해요.

5 달군 팬에 식용유를 두르고 대파를 볶아 향을 내요.

6 양파, 애호박, 참치를 넣고 센 불에서 2분간 볶다가 양념장을 넣고 중불에서 3분간 볶은 다음 불을 끄고 참기름을 넣어요.

7 그릇에 밥과 함께 담고 달걀프라이를 얹은 다음 통깨를 뿌려 완성해요.

먹을수록 중독되는 맛!
토마토 치킨카레

토마토의 기분 좋은 상큼함이 있는 카레예요. 뜨겁게 먹을 때보다 하루 정도 냉장고에 차갑게 보관했다가 먹으면 더 맛있답니다.
저녁에 끓여두고 바쁜 아침에 후다닥 먹기 좋아요. 닭다리살 대신 닭가슴살이나 소고기 등 좋아하는 재료로 다양하게 응용해 보세요.

2인분

 30분

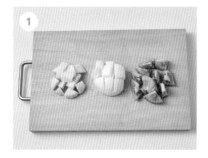

① 감자, 양파는 깍둑 썰고, 토마토는 한입 크기로 썰어요.

② 닭다리살은 한입 크기로 썰고 소금, 후추로 밑간을 해요.

③ 달군 냄비에 식용유를 두르고 감자, 양파를 넣은 다음 중약불로 2분간 볶아요.

④ 양파가 투명해지면 닭다리살을 넣고 중약불로 겉이 노릇해질 때까지 볶아요.

 재료

- ☐ 닭다리살 1/2팩(250g)
- ☐ 감자 1개
- ☐ 양파 1개
- ☐ 토마토 4개
- ☐ 고형카레 3조각
- ☐ 밥 2공기
- ☐ 식용유 약간
- ☐ 소금 약간
- ☐ 후추 약간

선택 재료

- ☐ 플레인요거트 2숟가락

토마토에 수분이 많으니 일반 카레보다 물을 적게 넣어요.

⑤ 토마토, 물 1종이컵, 고형카레를 넣고 채소가 익을 때까지 바닥에 눌어붙지 않도록 중약불로 저어가며 끓여요.

플레인요거트를 곁들여 먹으면 이색적인 카레의 맛을 느낄 수 있어요.

⑥ 그릇에 밥과 함께 담아 완성해요.

이국적인 맛과 향

치킨스리라차볶음밥

맛있는 매콤함으로 중독성 있는 스리라차소스로 맛을 낸 볶음밥이에요. 특별한 맛과 향이 매력적인 한 끼를 간단하게 만들어 보세요.

2인분

 30분

 재료

- ☐ 닭다리살 1/2팩(250g)
- ☐ 양파 1/4개
- ☐ 당근 1/4개
- ☐ 마늘 6톨
- ☐ 밥 2공기
- ☐ 식용유 2숟가락
- ☐ 맛술 1숟가락
- ☐ 간장 1/2숟가락
- ☐ 달걀 2개
- ☐ 스리라차소스 적당량
- ☐ 마요네즈 적당량
- ☐ 파슬리가루 약간
- ☐ 후추 약간
- ☐ 소금 약간

양념장 재료
- ☐ 굴소스 1숟가락
- ☐ 스리라차소스 2숟가락
- ☐ 설탕 1/2숟가락

1

양파, 당근은 0.5cm 크기로 다지고, 마늘은 얇게 썰어요.

2

닭다리살은 한입 크기로 썰고, 맛술, 간장, 후추로 밑간을 해요.

3

양념장 재료를 섞어 양념장을 만들어요.

4

달군 팬에 식용유를 두르고 달걀프라이를 해요.

5

달군 팬에 식용유를 두르고 마늘을 볶아 향을 낸 뒤 닭다리살을 넣고 볶아요.

6

기호에 따라 소금으로 간을 맞춰요

닭다리살이 충분히 익으면 양파, 당근을 넣고 볶다가 밥, 양념장, 후추를 넣고 조금 더 볶아요.

7

그릇에 담고 달걀프라이를 얹은 다음 마요네즈, 스리라차소스, 파슬리가루를 뿌려 완성해요.

소고기 아스파라거스볶음밥

아삭한 식감의 아스파라거스와 소고기의 조화를 즐겨 보세요.
굴소스의 감칠맛이 입맛을 돋우고 자극적이지 않아 아이들이 먹기 좋은 볶음밥이에요.

2인분

 20분

1. 소고기는 소금, 후추로 밑간을 해요.

아스파라거스의 크기에 따라 한입 크기로 썰어도 좋아요.

2. 아스파라거스는 필러로 껍질을 벗긴 다음 반으로 자르고 마늘은 얇게 썰어요.

3. 달군 팬에 식용유를 두르고 마늘을 볶아 향을 내요.

4. 소고기, 아스파라거스를 넣고 센 불에서 2분간 볶다가 굴소스를 넣고 중불에서 1분간 볶아요.

 재료

- ☐ 소고기(잡채용) 1/2팩(200g)
- ☐ 아스파라거스 5줄기
- ☐ 마늘 3톨
- ☐ 굴소스 2숟가락
- ☐ 밥 2공기
- ☐ 소금 약간
- ☐ 후추 약간
- ☐ 식용유 약간
- ☐ 참기름 1/2숟가락

5. 밥을 넣고 볶은 다음 소금과 후추로 간을 맞추고 불을 끈 후 참기름을 둘러 완성해요.

새우마요 아보카도덮밥

탱글한 새우와 부드러운 아보카도의 만남! 고소한 마요네즈에 버무려 밥과 함께 즐겨 보세요.

만|드|는|법

 2인분

 20분

새우가 클 경우 한입 크기로 썰어요.

끓는 물에 소금을 넣고 탈각새우를 1분간 데친 다음 찬물에 헹궈 물기를 제거해요.

아보카도는 껍질과 씨를 제거한 후 깍둑 썰고, 양파는 잘게 다져요.

볼에 새우, 아보카도, 양파, **양념 재료**를 넣고 버무려요.

그릇에 밥을 담고 **3**과 노른자를 올려 완성해요.

 재료

- ☐ 탈각새우 1종이컵
- ☐ 아보카도 1개
- ☐ 양파 1/8개
- ☐ 밥 2공기
- ☐ 달걀 노른자 2개
- ☐ 소금 약간

양념 재료
- ☐ 마요네즈 4숟가락
- ☐ 간장 1숟가락
- ☐ 후추 약간

겨울엔 뜨겁게, 여름엔 차갑게!
도토리묵밥

탱글한 도토리묵을 따끈한 국물과 함께 호로록 넘겨 보세요. 도토리묵이 포만감을 주기 때문에 밥은 조금 넣어도 된답니다.
여름에는 육수를 차갑게 해서 냉묵밥으로 즐겨도 좋아요.

2인분

20분

도토리묵은 채 썰고, 대파는 송송 썰어
준비해요.

김치는 송송 썰어 참기름, 설탕을 넣고
조물조물 무쳐요.

냄비에 멸치육수, 국간장을 넣고 팔팔 끓
여요. 그릇에 밥을 담고 준비한 김치, 도
토리묵, 김가루, 대파를 올린 다음 뜨거
운 육수를 부어 완성해요.

 재료

- ☐ 도토리묵 1/2모
- ☐ 익은 배추김치 1종이컵
- ☐ 대파 1/2대
- ☐ 밥 1공기
- ☐ 김가루 약간
- ☐ 멸치육수 3종이컵
- ☐ 국간장 1작은술
- ☐ 참기름 1/3숟가락
- ☐ 설탕 1/2숟가락

시원하고 칼칼한
김치 콩나물국밥

갱죽, 갱시기라고도 불리는 국밥으로 국물에 밥을 함께 넣고 끓이는 요리예요.
밥알이 푹 퍼져 죽에 가까운 국밥이랍니다. 국물이 얼큰하고 시원해 속풀이로 제격이에요.

2인분

 30분

대파는 송송 썰고, 김치는 잘게 다져요.

콩나물은 다듬어 깨끗이 씻은 다음 물기를 제거해요.

냄비에 멸치다시마육수를 넣고 끓여요.

끓기 시작하면 콩나물을 넣고 센 불에서 10분간 끓여요.

재료

- ☐ 멸치다시마육수 4종이컵
- ☐ 익은 배추김치 1종이컵
- ☐ 콩나물 1/2봉(150g)
- ☐ 밥 2공기
- ☐ 대파 1대

양념 재료
- ☐ 국간장 1/2숟가락
- ☐ 소금 약간

선택 재료
- ☐ 청양고추 1개
- ☐ 달걀노른자 2개
- ☐ 김가루 약간
- ☐ 통깨 약간

콩나물의 숨이 죽으면 김치, 밥을 넣고 중불에서 5분간 끓여요.

매콤한 맛을 원하면 청양고추를 송송 썰어 추가로 넣어주세요.

국간장, 소금으로 간을 맞추고 대파를 넣고 한소끔 끓여요.

그릇에 국밥을 담고 노른자를 올린 다음 김가루와 통깨를 뿌려 완성해요.

보통날의
한 그릇 요리
14위

황태 콩나물국밥

술 마신 다음 날 해장으로 이만한 게 없죠. 얼큰한 맛을 원한다면 청양고추를 넣어도 좋아요.
시원한 국물에 밥 한 공기 말아 먹으면 하루가 든든하답니다.

2인분

 30분

① 황태채는 흐르는 물에 씻어 물기를 짜고 한입 크기로 잘라요.

② 깨끗이 씻은 콩나물은 다듬고, 대파는 송송 썰어요.

③ 달걀을 풀어 준비해요.

④ 냄비에 참기름을 두르고 황태채를 넣어 중약불에서 1분간 볶아요.

 재료

- ☐ 황태채 1줌(40g)
- ☐ 콩나물 1/2봉(150g)
- ☐ 달걀 1개
- ☐ 대파 1대
- ☐ 다진 마늘 1/2숟가락
- ☐ 참기름 1/2숟가락
- ☐ 국간장 1~2숟가락
- ☐ 멸치육수 4종이컵
- ☐ 후추 약간
- ☐ 밥 2공기

⑤ 4에 멸치육수를 넣고 센 불로 끓여요.

⑥ 끓기 시작하면 콩나물을 넣고 중불에서 10분간 끓여요.

달걀은 약불에서 원을 그리면서 천천히 부어요.

⑦ 콩나물이 익으면 다진 마늘, 국간장, 후추를 넣고 간을 맞춘 다음 달걀을 부어요.

⑧ 그릇에 밥을 담고 황태 콩나물국을 담은 후 대파를 올려 완성해요.

입맛 돋우는 매콤함
마파가지덮밥

따끈한 흰쌀밥 위에 올려 쓱쓱 비벼 먹기 좋은 메뉴예요. 매콤한 양념과 부드러운 가지, 돼지고기가 더할 나위 없이 잘 어울린답니다.

만 | 드 | 는 | 법 ....

2인분

30분

 재료

☐ 가지 2개
☐ 돼지고기 다짐육 1/4팩(100g)
☐ 대파 1대
☐ 양파 1/4개
☐ 소금 약간
☐ 후추 약간
☐ 식용유 약간
☐ 참기름 1숟가락

양념장 재료

☐ 물 1/2종이컵
☐ 굴소스 1숟가락
☐ 두반장 1숟가락
☐ 간장 1숟가락
☐ 올리고당 1숟가락
☐ 다진 마늘 1숟가락
☐ 후추 약간

전분물

☐ 전분 1숟가락
☐ 물 2숟가락

1 가지는 한입 크기로 썰고, 양파는 채 썰고, 대파는 송송 썰어요.

2 돼지고기는 소금, 후추로 밑간을 해요.

3 **양념장 재료**를 섞어 양념장을 만들어요.

4 달군 팬에 식용유를 두르고 중불에서 대파와 양파를 넣고 볶아요.

5 양파가 투명해지면 돼지고기를 넣고 볶아요.

6 고기가 반쯤 익으면 가지와 양념장을 넣고 볶아요.

전분물은 미리 섞어두었다가 사용 직전에 고루 풀어 사용해요.

7 국물이 자작해지면 전분물을 넣어가며 농도를 맞추고 불을 끈 다음 참기름을 넣고 섞어요.

8 그릇에 밥을 담고 **7**을 올려 완성해요.

곁들여 먹으면 좋은 간단 무침

묵은지무침

2인분
15분

만 | 드 | 는 | 법

□ 묵은지 1/2포기
□ 다진 마늘 1/2숟가락
□ 쪽파 2대
□ 들기름 3숟가락
□ 설탕 1숟가락
□ 통깨 약간

1 묵은지는 속을 털어내고 물에 헹궈 물기를 꼭 짜내요.

2 묵은지를 1cm 폭으로 썰어요.

3 쪽파는 송송 썰어요.

4 볼에 나머지 재료를 넣고 조물조물 무쳐 완성해요.
　들기름 대신 참기름을 넣고 무쳐도 좋아요.

우엉참깨무침

2인분

20분

만 | 드 | 는 | 법

□ 우엉 2대
□ 식초 1숟가락

양념 재료
□ 통깨 3숟가락
□ 마요네즈 4숟가락
□ 설탕 1숟가락
□ 식초 1숟가락
□ 소금 약간

1 우엉은 껍질을 벗기고 얇게 어슷 썰어요.

2 끓는 물에 식초를 넣고 우엉을 2~3분간 데쳐 찬물에 헹군 후 물기를 제거해요.
  식초를 넣으면 우엉의 아린 맛을 없애고 갈변을 방지해요.

3 통깨는 절구나 믹서기로 곱게 갈아 깻가루를 만들어요.

4 깻가루와 나머지 **양념 재료**를 넣고 무침양념을 만들어요.

5 4에 데친 우엉을 넣고 무쳐 완성해요.

2.

특별한
날의
한 그릇
요리

손님상에 내놔도 손색없는 한 그릇 요리를 집에서 간단하게 만들어보세요. 매력적인 일본식
덮밥, 유명한 맛집 메뉴, 안주로도 제격인 볶음밥 등 이색적인 한 그릇 요리가 특별한 날을
더욱 특별하게 만들어드립니다.

풍미 가득한 중식을 집에서 뚝딱!
유산슬덮밥

고급 중화요리 중 하나인 유산슬로 덮밥으로 만들면
근사한 한 그릇 요리가 완성돼요. 유산슬에 들어가는
재료만으로도 충분해서 특별한 반찬 없이도
근사하게 차려낼 수 있답니다.

특별한 날의
한 그릇 요리
1위

2인분

 40분

 재료

- ☐ 돼지고기(잡채용) 1/3팩(100g)
- ☐ 탈각새우 8마리
- ☐ 양파 1/4개
- ☐ 표고버섯 2개
- ☐ 통조림 죽순 1/4개
- ☐ 팽이버섯 1/2봉
- ☐ 마늘 3톨
- ☐ 생강 1톨
- ☐ 대파 1/2대
- ☐ 밥 2공기
- ☐ 멸치육수 2종이컵
- ☐ 식용유 적당량

양념장 재료
- ☐ 굴소스 1숟가락
- ☐ 간장 1숟가락
- ☐ 청주 1숟가락
- ☐ 설탕 1/2숟가락

밑간 재료
- ☐ 간장 1숟가락
- ☐ 소금 약간
- ☐ 후추 약간

전분물 재료
- ☐ 물 2숟가락
- ☐ 전분 1숟가락

1

> 죽순은 흐르는 물에 씻어 석회질을 제거해요.

대파는 5cm 길이로 썰고, 양파는 채 썰고, 마늘, 생강, 표고, 죽순은 얇게 썰어요.

2

냉동된 새우는 물에 담가 해동한 후 키친 타월로 물기를 제거해요.

3

> 밑간 전에 키친타월로 핏물을 충분히 제거하고 사용해요.

돼지고기는 **밑간 재료**를 넣고 섞어요.

4

볼에 **양념장 재료**를 넣고 양념장을 만들어요.

5

달군 팬에 식용유를 두르고 돼지고기, 새우를 볶아 접시에 담아요.

6

팬에 식용유를 추가로 두르고 중약불에서 대파, 생강, 마늘을 볶아 향을 내요.

7

> 멸치육수 대신 닭육수를 넣어도 좋아요.

돼지고기, 새우, 손질한 양파, 표고버섯, 팽이버섯, 죽순, 양념장을 넣고 센 불에서 2분간 볶다가 멸치육수를 넣어요.

8

육수가 끓으면 약불에서 전분물을 넣고 농도를 맞춘 뒤 밥과 함께 그릇에 담아 완성해요.

달콤 짭조름의 환상조화
데리야키 치킨덮밥

쫄깃한 닭다리살을 달콤 짭조름한 데리야키 소스에
조려서 흰밥 위에 올리면 아이, 어른 모두가 좋아하는
한 그릇 요리가 완성되죠. 매력적인 일본식 덮밥을
집에서 간단하게 만들어 보세요.

특별한 날의
한 그릇 요리
2위

2인분

 30분

 재료

□ 닭다리살 2~3조각(300g)
□ 양파 1/2개
□ 쪽파 2줄
□ 생강 1톨
□ 소금 약간
□ 후추 약간
□ 식용유 적당량
□ 밥 2공기

양념장 재료

□ 물 5큰술
□ 간장 5숟가락
□ 맛술 3숟가락
□ 설탕 2숟가락
□ 후추 약간

선택 재료

□ 튀긴 마늘칩 1숟가락

1. 생강은 얇게 썰고, 쪽파는 송송 썰어요.

2. 양파는 얇게 채 썰어 얼음물에 담가 매운 맛을 뺀 다음 물기를 제거해요.

3. 닭다리살은 흐르는 물에 씻어 물기를 제거하고 소금, 후추를 뿌려 밑간을 해요.

4. **양념장 재료**를 섞어 양념장을 만들어요.

뚜껑을 덮어 익히면 속까지 고루 익힐 수 있어요.

5. 달군 팬에 식용유를 두르고 닭다리살을 중약불에서 껍질 부분부터 노릇하게 뒤집어 가며 구워요.

지저분해진 팬은 키친타월로 가볍게 닦아 사용해 주세요.

6. 5에 양념장, 생강을 넣고 중약불로 2분간 조려요.

튀긴 마늘칩이 없다면 편마늘을 양념장 끓일 때 함께 넣어도 좋아요.

7. 그릇에 밥을 담고 한입 크기로 썬 데리야끼치킨을 올린 뒤 양파, 쪽파, 튀긴 마늘칩을 함께 곁들여 완성해요.

쫄깃한 꼬막 가득
꼬막비빔밥

강릉 가면 꼭 먹어야 한다는 맛집 메뉴! 이젠 집에서도 즐길 수 있어요. 구운 김에 싸 먹으면 더 맛있게 먹을 수 있답니다.

만|드|는|법

  2인분

50분

재료

- □ 꼬막 500g
- □ 청고추 1개
- □ 홍고추 1개
- □ 쪽파 5줄
- □ 밥 2공기
- □ 통깨 약간
- □ 참기름 약간

양념장 재료

- □ 고춧가루 2숟가락
- □ 간장 4숟가락
- □ 설탕 1숟가락
- □ 매실청 1숟가락
- □ 다진 마늘 1숟가락
- □ 깨소금 1숟가락
- □ 참기름 1/2숟가락

꼬막 해감 재료

- □ 굵은소금 1숟가락

뻘을 충분히 뱉어낼 수 있도록 꼬막은 소금물에 푹 잠기도록 담가 두어요.

1

꼬막은 여러 번 비벼가며 씻은 후 소금을 녹인 물에 담그고 쿠킹호일을 덮어 30분 간 해감해요.

한쪽 방향으로 저어야 살이 껍질 한쪽에 붙어 살을 쉽게 발라낼 수 있어요.

2

냄비 물을 팔팔 끓인 후 해감 된 꼬막을 넣고 한쪽 방향으로 저어가며 꼬막 입이 벌릴 때까지 삶은 다음 살만 발라내요.

3

청고추, 홍고추, 쪽파는 송송 썰어요.

4

양념장 재료를 섞어 양념장을 만들어요.

5

양념장의 1/2 분량은 꼬막살과 청·홍고 추를 무치고, 나머지 양념장은 통깨, 참 기름과 함께 밥에 넣고 비벼요.

6

접시에 비빔밥과 무친 꼬막을 함께 담고 쪽파를 뿌려 완성해요.

중독성 강한 매콤함
낙지비빔밥

낙지는 기력보충에 좋은 식재료로 알려져 있는데요.
매콤하게 볶아낸 낙지를 흰쌀밥 위에 올려 쓱쓱 비벼 먹으면 스트레스도 싹 사라지고 기운 충전도 된답니다.

2인분

 30분

 재료

- □ 낙지 2마리
- □ 양파 1/2개
- □ 깻잎 4장
- □ 청양고추 1개
- □ 대파 1/2대
- □ 참기름 1/4숟가락
- □ 통깨 약간
- □ 식용유 약간
- □ 밥 2공기

양념 재료

- □ 고추장 1숟가락
- □ 고춧가루 2숟가락
- □ 간장 1숟가락
- □ 설탕 1/2숟가락
- □ 올리고당 1숟가락
- □ 다진 마늘 1숟가락
- □ 맛술 1숟가락
- □ 후추 약간

낙지손질 재료

- □ 밀가루 1숟가락
- □ 굵은소금 1/2숟가락

1 낙지는 머리를 뒤집어 내장을 떼어내고, 눈과 이빨은 가위로 제거한 후 밀가루, 굵은소금을 넣고 주물러 흐르는 물에 깨 끗이 씻은 다음 체에 밭쳐요.

2 손질한 낙지는 한입 크기로 썰어요.

3 양파와 깻잎은 채 썰고, 대파와 청양고추 는 어슷 썰어요.

4 볼에 양념 재료를 넣고 양념장을 만들어요.

5 달군 팬에 식용유를 두르고 중불에서 양 파를 1분간 볶아요.

낙지를 넣고 센 불에서 빠르게 볶아야 질겨지지 않아요.

6 양파가 투명해지면 센 불에서 낙지를 1~2분간 볶고 중약불에서 양념장을 넣 어 볶아요.

7 양념장이 어우러지면 청양고추, 대파를 넣고 가볍게 볶은 후 불을 끄고 참기름, 통깨를 뿌려요.

8 접시에 밥과 함께 7을 담고 깻잎과 통깨 를 올려 완성해요.

채소와 고기의 환상 조화
고추잡채덮밥

꽃빵과 먹어도 맛있지만 밥 위에 올려 먹어도 좋은 고추잡채덮밥이에요. 센 불로 빠르게 볶아 피망의 아삭함을 살리는 게 포인트랍니다.

특별한 날의
한 그릇 요리
5위

2인분

30분

청·홍피망, 양파는 채 썰고, 표고버섯은 얇게 썰어요.

돼지고기는 키친타월로 핏물을 제거한 후 **밑간 재료**를 넣고 버무려요.

 재료

- □ 돼지고기 등심(잡채용) 200g
- □ 청피망 1개, 홍피망 1/2개
- □ 양파 1/2개
- □ 표고버섯 2개
- □ 고추기름 2숟가락
- □ 밥 2공기

밑간 재료

- □ 설탕 1/3숟가락
- □ 간장 1/2숟가락
- □ 다진 마늘 1/3숟가락
- □ 후추 약간
- □ 참기름 약간

양념장 재료

- □ 물 1숟가락
- □ 굴소스 1숟가락
- □ 설탕 1/2숟가락
- □ 다진 마늘 1/2숟가락
- □ 간장 1/2숟가락
- □ 후추 약간
- □ 참기름 약간

양념장 재료를 섞어 양념장을 만들어요.

달군 팬에 고추기름을 두르고 중불에서 고기를 넣고 볶다가 고기가 익으면 양파, 표고버섯를 넣고 30초간 볶아요.

피망의 식감을 살리기 위해서는 센 불에서 빠르게 볶는 것이 좋아요.

청·홍피망, 양념장을 넣고 고루 간이 배도록 센 불에서 빠르게 볶아요.

그릇에 밥과 함께 담아 완성해요.

추억의 맛에 빠지다
함박스테이크

어릴 적 특별한 날 먹던 경양식집 스타일의 함박스테이크예요. 반숙 달걀프라이는 필수라는 점, 잊지 마세요.

만 | 드 | 는 | 법

2인분

40분

 재료

패티 재료
- ☐ 다진 소고기 300g
- ☐ 다진 돼지고기 100g
- ☐ 다진 마늘 1/2숟가락
- ☐ 소금 약간
- ☐ 후추 약간
- ☐ 달걀 1/2개
- ☐ 빵가루 4숟가락
- ☐ 식용유 약간

소스 재료
- ☐ 양파 1/4개
- ☐ 양송이버섯 4개
- ☐ 다진 마늘 1숟가락
- ☐ 간장 2숟가락
- ☐ 설탕 2숟가락
- ☐ 케찹 4숟가락
- ☐ 버터 1숟가락
- ☐ 물 2/3종이컵
- ☐ 소금 약간
- ☐ 후추 약간
- ☐ 식용유 약간

선택 재료
- ☐ 달걀 2개
- ☐ 샐러드채소 약간

1

소스 재료의 양파는 채 썰고, 양송이버섯은 얇게 썰어요.

2

볼에 식용유를 제외한 **패티 재료**를 넣고 섞어 찰기가 생길 때까지 충분히 치대요.

> 가운데를 눌러 패티를 만들면 구울 때 안쪽까지 고루 익어요.

3

만든 반죽은 2개로 나눠 둥글 납작하게 함박패티를 만들어요.

4

달군 팬에 식용유를 두르고 패티를 앞뒤로 노릇하게 구워요.

5

물 1/3종이컵을 넣고 뚜껑을 덮은 다음 안까지 충분히 익혀요.

6

달군 팬에 식용유를 두르고 양파, 양송이를 볶다가 나머지 **소스 재료**를 넣고 함박소스를 만들어요.

7

소스가 끓는 동안에 달걀프라이를 만들어요.

8

그릇에 밥과 함께 함박스테이크, 소스, 달걀프라이, 샐러드채소를 올려 완성해요.

반찬? 안주? 오늘은 볶음밥!
차돌박이 숙주볶음밥

고소한 차돌박이와 아삭한 숙주는 환상의 궁합!
달콤 짭조름한 간장양념을 더해 밥과 함께 볶아내면
든든한 한 그릇이 완성됩니다.

★★★
특별한 날의
한 그릇 요리
7위

2인분

20분

1

차돌박이는 키친타월에 올려 핏물을 제거하고 한입 크기로 잘라요.

2

쪽파는 송송 썰고 숙주는 먹기 좋은 크기로 잘라요.

3

양념장 재료를 섞어 양념장을 만들어요.

4

달군 팬에 식용유를 두르고 약불에서 다진 마늘을 볶아 향을 내요.

재료

☐ 차돌박이 200g
☐ 쪽파 3줄
☐ 숙주 150g
☐ 다진 마늘 1숟가락
☐ 밥 2공기
☐ 식용유 약간
☐ 참기름 1/2숟가락

양념장 재료

☐ 간장 2숟가락
☐ 굴소스 1숟가락
☐ 설탕 1숟가락
☐ 후추 약간
☐ 참기름 1/2숟가락

5

> 대패삼겹살, 우삼겹으로 만들어도 맛있어요.

마늘향이 올라오면 차돌박이를 넣고 센 불에서 흔들어가며 볶아요.

6

고기의 핏기가 살짝 남아있을 때 공깃밥과 양념장을 넣고 중불에서 볶아요.

7

> 숙주는 마지막에 넣고 살짝 볶아야 식감이 살고, 물이 생기지 않아요.

숙주를 넣고 센 불에서 30초간 볶은 후 불을 끄고 참기름을 넣고 볶아요.

8

그릇에 담고 쪽파를 뿌려 완성해요.

특별한 날의
한 그릇 요리
8위

입맛 무장해제!
연어소보로덮밥

연어덮밥 하면 생연어를 올린 덮밥을 먼저 떠올리기 쉽지만 꼭 생연어를 올릴 필요는 없어요. 보슬보슬하게 볶아낸 연어살과
토핑재료를 밥 위에 듬뿍 올리면 영양 가득 연어덮밥이 완성돼요. 생연어를 못 드시는 분들도 맛있게 한 그릇 뚝딱 할 수 있답니다.

2인분

 30분

양파는 곱게 채 썰어 찬물에 담가 매운맛
을 뺀 다음 물기를 제거해요.

쪽파는 송송 썰고, 생연어는 2cm 크기로
썰어요.

소스 재료를 섞어 소스를 만들어요.

달군 팬에 올리브유를 두르고 연어를 굽
다가 소금, 후추로 간을 맞춘 후 주걱으로
으깨가며 볶아 연어소보로를 만들어요.

재료

- □ 생연어 300g
- □ 양파 1/4개
- □ 스위트콘 4숟가락
- □ 쪽파 2줄
- □ 무순 약간
- □ 밥 2공기
- □ 올리브유 약간
- □ 소금 약간
- □ 후추 약간

소스 재료
- □ 간장 3숟가락
- □ 맛술 3숟가락
- □ 레몬즙 1숟가락
- □ 참기름 1숟가락
- □ 설탕 1/2숟가락

그릇에 연어소보로(4), 스위트콘, 양파,
무순, 쪽파를 밥과 함께 담고 소스를 뿌
려 완성해요.

가끔은 특별하게
드라이커리

다양한 채소를 넣고 뭉근하게 끓인 카레와 달리 국물이 거의 없는 카레예요.
항상 먹던 카레와는 조금 다른 느낌의 카레라이스를 즐겨 보세요.

2인분

30분

쪽파는 송송 썰고, 양파, 마늘, 생강을 잘 게 다져요.

돼지고기는 키친타월로 핏물을 제거해요.

달군 팬에 식용유를 두르고 마늘, 생강, 양파를 넣은 다음 중약불에서 2분간 볶 아요.

양파가 투명해지면 돼지고기를 넣은 후 맛술, 소금, 후추를 넣고 고기가 익을 때 까지 중불에서 볶아요.

재료

- [ ] 다진 돼지고기 200g
- [ ] 양파 1/2개
- [ ] 생강 1/4쪽
- [ ] 마늘 3개
- [ ] 달걀 노른자 2개
- [ ] 쪽파 1줄
- [ ] 맛술 1숟가락
- [ ] 고형카레 2개
- [ ] 밥 2공기
- [ ] 소금 약간
- [ ] 후추 약간
- [ ] 식용유 약간

일반 카레가루 대신 고형카레를 사용하면 되직한 농도로 맞추기가 쉬워요.

물 1종이컵과 고형카레를 넣고 볶듯이 끓여요.

고수를 올려도 잘 어울려요.

그릇에 밥과 함께 담고 노른자와 쪽파를 올려 완성해요.

뜻밖의 환상궁합!
삼겹깐풍덮밥

삼겹살, 구워 먹지 말고 덮밥으로 만들어 보세요. 달콤새콤 깐풍소스로 볶아 삼겹살의 느끼함을 잡았어요.
고기 충전이 필요한 날 한 그릇 든든하게 먹어 보자고요.

만 | 드 | 는 | 법

 2인분

 20분

 재료

☐ 삼겹살 2줄
☐ 홍고추 2개
☐ 청양고추 2개
☐ 양파 1/4개
☐ 쪽파 2줄
☐ 다진 마늘 1숟가락
☐ 다진 생강 1/2숟가락
☐ 밥 2공기
☐ 식용유 약간

양념장 재료

☐ 간장 3숟가락
☐ 식초 2숟가락
☐ 물 2숟가락
☐ 설탕 1숟가락
☐ 후추 약간

양파는 다지고, 홍고추, 청양고추, 쪽파는 송송 썰어요.

삼겹살을 한입 크기로 잘라요.

양념장 재료를 섞어 양념장을 만들어요.

달군 팬에 식용유를 두르고 삼겹살을 노릇하게 구워요.

삼겹살 구운 팬에 다진 마늘과 생강을 약불에서 1분간 볶아요.

마늘 향이 올라오면 양념장, 양파, 홍고추, 청양고추를 넣고 살짝 끓여요.

끓기 시작하면 구운 삼겹살을 넣고 중불에서 조려요.

그릇에 밥과 함께 담고 쪽파를 뿌려 완성해요.

특별한 날의
한 그릇 요리
11위

달콤하고 고슬고슬해
파인애플볶음밥

파인애플볶음밥은 휴양지 느낌이 물씬 나는 볶음밥이지요. 파인애플 껍질을 그릇으로 활용해
아이도 어른도 좋아하는 특별한 한 끼를 만들어 보세요.

2인분

 30분

생파인애플 대신 통조림 파인애플을 사용해도 좋아요.

1 파인애플은 꼭지를 살려 세로로 자르고 과육만 파낸 다음 키친타월로 물기를 제거해 그릇을 만들어요.

2 파인애플 과육은 1cm 크기로 썰고, 양파, 파프리카는 0.5cm 크기로 다져요.

3 닭가슴살은 1cm 크기로 깍둑썰기 해요.

4 달군 팬에 식용유를 두르고 푼 달걀을 중불에서 스크램블을 하여 접시에 담아요.

 재료

☐ 파인애플 1/2개
☐ 닭가슴살 1조각
☐ 탈각새우 1/2종이컵
☐ 달걀 2개
☐ 밥 2공기
☐ 양파 1/2개
☐ 빨강 파프리카 1/2개
☐ 식용유 약간
☐ 다진 땅콩 1숟가락

소스 재료

☐ 피시소스 3숟가락
☐ 굴소스 1숟가락
☐ 소금 약간
☐ 후추 약간

5 달군 팬에 식용유를 두르고 양파, 파프리카를 가볍게 볶다가 닭가슴살, 새우를 넣고 중불에서 2분간 볶아요

기호에 맞춰 소금, 후추로 간을 맞춰요

6 닭가슴살이 익기 시작하면 **소스 재료**와 밥을 넣고 중불에서 보슬보슬하게 볶아요.

7 밥과 함께 소스가 어우러지면 달걀 스크램블, 파인애플을 넣어 중불에서 가볍게 볶아요.

취향에 맞춰 고수를 곁들이거나 스리라차 소스를 뿌려 먹어도 좋아요.

8 만들어 둔 파인애플 그릇에 볶음밥을 담고 다진 땅콩을 뿌려 완성해요.

곁들여 먹으면 좋은 간단 샐러드

콘샐러드

🍴 2인분

🍲 10분

만 | 드 | 는 | 법

□ 옥수수 통조림 1캔
□ 빨강 파프리카 1/4개
□ 양배추 1장
□ 양파 1/4개

양념 재료

□ 마요네즈 4숟가락
□ 식초 1+1/2숟가락
□ 설탕 1숟가락
□ 소금 1/4숟가락
□ 후추 약간

1 통조림 옥수수는 체에 밭쳐 물기를 제거해요.

2 파프리카, 양배추, 양파는 옥수수 크기와 비슷하게 잘게 다져요.

3 볼에 **양념 재료**와 손질한 재료들을 넣고 버무려 완성해요.

참치당근샐러드

2인분

20분

만 | 드 | 는 | 법

□ 참치 통조림 1캔
□ 당근 1개
□ 다진 마늘 1/2숟가락
□ 올리브유 1~2숟가락
□ 레몬즙 1숟가락
□ 설탕 1/2숟가락
□ 홀그레인머스터드 1/4숟가락
□ 소금 약간
□ 후추 약간

1 통조림 참치는 체에 밭쳐 기름을 제거해요.

2 당근은 5cm 길이로 채 썰어요.

3 볼에 당근, 다진 마늘, 올리브유를 넣고 랩을 씌운 다음 전자레인지에 1분씩 2번 돌려 조리한 후 한 김 식혀요.

4 익힌 당근에 나머지 재료를 넣고 가볍게 섞어 완성해요.

3.
진짜
간단한
한 그릇
요리

정신없이 바빠도 끼니는 제대로 챙겨야죠. 20분이면 휘리릭 뚝딱! 만들 수 있는 인기 한 그릇

요리 레시피를 공개합니다. 냉장고에 잠자고 있는 재료로 간단하게 만들 수 있는 한 그릇 요리라

요리 초보라도 쉽게 따라할 수 있어요.

밥인가 안주인가
베이컨 양배추덮밥

양배추, 베이컨은 미리 사서 냉장고에 쟁여두면 여러모로 쓸모가 많은 재료지요.
베이컨 양배추볶음은 밥 위에 올려 한 그릇 요리로 즐겨도 좋고 볶음반찬, 술안주로 활용해도 좋답니다.

2인분

 20분

1

양배추는 한입 크기로 썰고, 양파는 채 썰고, 대파는 송송 썰어요.

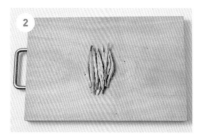

2

베이컨은 0.5cm 폭으로 썰어요.

3

달군 팬에 식용유를 두르고 대파를 볶아 향을 내요.

4

향이 올라오면 베이컨을 타지 않게 중불 에서 2분간 볶아요.

 재료

- □ 베이컨 5줄
- □ 양배추 1/4개
- □ 양파 1/2개
- □ 대파 1대
- □ 밥 2공기
- □ 식용유 약간
- □ 소금 약간
- □ 후추 약간
- □ 참기름 약간

양념 재료
- □ 고춧가루 2숟가락
- □ 고추장 1+1/2숟가락
- □ 설탕 1숟가락
- □ 굴소스 1숟가락

5

소금, 후추를 뿌려도 좋아요.

베이컨의 기름이 충분히 나오면 양파, 양 배추를 볶아요.

6

양념 재료를 넣고 타지 않게 약불로 1분간 볶은 다음 불을 끄고 참기름을 둘러요.

7

그릇에 밥과 함께 담아 완성해요.

감칠맛 | 초간단 한 끼

열무김치 강된장비빔밥

새콤하게 잘 익은 열무김치가 냉장고 속에 있다면 흰쌀밥에 넣고 달걀프라이만 올려 비빔밥을 만들어 보세요.
짭짤한 강된장도 함께하면 없던 입맛도 돌아온답니다.

만|드|는|법

 2인분

20분

1

열무김치는 5cm 길이로 썰고 **양념 재료**를 넣고 조물조물 무쳐요.

2

달군 팬에 식용유를 두르고 달걀프라이를 해요.

3

그릇에 밥을 담고 열무김치, 강된장, 달걀프라이를 얹은 다음 참기름을 둘러 완성해요.

 재료

☐ 열무김치 1줌
☐ 밥 2공기
☐ 달걀 2개
☐ 강된장 적당량(15쪽 참고)
☐ 식용유 약간
☐ 참기름 약간

양념 재료

☐ 설탕 1/2숟가락
☐ 들기름 1숟가락
☐ 깨소금 약간

간단하지만 건강한 한 그릇
나물비빔밥

냉장고에 잠자고 있는 채소들로 초간단 비빔밥 만들어 보세요. 팬에 소금 약간을 넣고 볶으면 간편 나물이 돼요.

만능볶음고추장 한 숟가락을 넣고 쓱쓱 비벼주면 초간단 나물비빔밥 완성!

2인분

 20분

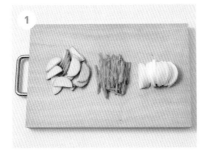

1

애호박은 반달썰기 하고, 당근, 양파는 채 썰어요.

2

달군 팬에 식용유를 두르고 양파를 소금으로 간을 맞추며 중불에서 2분간 볶아요.

3

달군 팬에 식용유를 두르고 애호박을 소금으로 간을 맞추며 중불에서 2분간 볶아요.

4

달군 팬에 식용유를 두르고 당근을 소금으로 간을 맞추며 중불에서 2분간 볶아요.

 재료

□ 애호박 1/2개
□ 당근 1/4개
□ 양파 1개
□ 달걀 2개
□ 밥 2공기
□ 소금 약간
□ 식용유 약간
□ 참기름 약간

선택 재료
□ 만능볶음고추장 적당량
  (14쪽 참고)

5

달군 팬에 식용유를 약간 두르고 달걀프라이를 해요.

6

일반 고추장을 넣어도 괜찮아요.

그릇에 밥을 담아 볶은 채소, 만능볶음고추장, 달걀프라이를 얹고 참기름을 둘러 완성해요.

부드러운 마성의 맛
달걀카레

채소 건더기가 거의 없이 달걀이 주가 되는 부드러운 느낌의 카레예요.
좋아하는 채소를 추가해서 끓여도 좋아요.

★★★
진짜 간단한
한 그릇 요리
4위

2인분

 20분

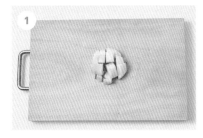

버섯이나 좋아하는 채소를 추가해도 좋아요.

1 양파는 사방 2cm 크기로 썰어요.

2 볼에 달걀, 소금 약간을 넣고 풀어요.

3 냄비에 식용유를 두르고 양파를 중불에서 2분간 볶아요.

4 양파가 투명해지면 물 4종이컵을 넣고 끓여요.

5 끓기 시작하면 고형카레를 넣고 중불에서 5분간 저어가며 끓여요.

남은 잔열로 달걀을 익히면 부드러운 맛을 낼 수 있어요.

6 약불로 불을 낮춰 풀어둔 달걀을 원을 그리면서 넣고 불을 끈 뒤 2~3번 바닥까지 주걱으로 저어요.

7 그릇에 밥과 함께 담고 고수를 올린 다음 후추를 뿌려 완성해요.

 재료

□ 고형카레 4조각
□ 달걀 2개
□ 양파 1/2개
□ 밥 2공기
□ 식용유 약간
□ 소금 약간

선택 재료
□ 후추 약간
□ 고수 약간

버터마늘볶음밥

마늘과 버터만으로도 고소한 볶음밥을 만들 수 있어요. 재료가 이보다 더 간단할 수는 없겠지요?
마늘이 타지 않게 잘 저어주며 볶아주는 게 포인트랍니다.

만 | 드 | 는 | 법

 2인분

 15분

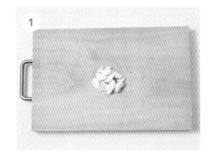

1. 마늘은 얇게 썰어요.

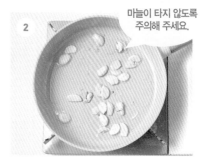

마늘이 타지 않도록 주의해 주세요.

2. 달군 팬에 식용유를 두르고 마늘을 중약 불에서 노릇하게 볶아요.

3. 마늘이 노릇해지면 밥을 넣고 중불에서 볶아요.

4. 간장, 버터를 넣고 잘 섞으면서 볶아요.

 재료

☐ 마늘 6톨
☐ 버터 2숟가락
☐ 밥 2공기
☐ 식용유 약간
☐ 간장 3숟가락

선택 재료
☐ 파슬리가루 약간
☐ 버터 약간

추가로 버터를 넣어 먹으면 더 고소하고 맛있어요.

5. 그릇에 담고 파슬리가루를 뿌려 완성해요.

진짜 간단한
한 그릇 요리
6위

초간단 자취 요리
달걀밥

전자레인지로 쉽게 만드는 한 그릇 요리예요. 바쁜 아침 간단하고 빠르게 만들어 먹기 좋은 요리랍니다.

2인분

 15분

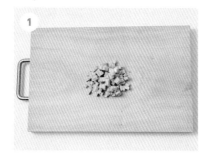

1 스팸은 0.5cm 크기로 다져요.

2 전자레인지용 그릇에 달걀을 풀고 물 1종이컵, 후추, 소금을 넣고 잘 섞어요.

3 달걀물에 밥 1+1/2공기, 스팸, 다진 대파, 간장 1숟가락을 넣어 잘 섞어요.

4 700W 기준으로 3분이니 전자레인지 출력에 따라 시간을 조절해 주세요.

랩을 덮어 구멍을 뚫은 후 전자레인지에 약 3분간 익혀요.

 재료

- □ 달걀 4개
- □ 스팸 1/4개
- □ 밥 1+1/2공기
- □ 다진 대파 1숟가락
- □ 피자치즈 1종이컵
- □ 슬라이스 치즈 2장
- □ 간장 1숟가락
- □ 소금 약간
- □ 후추 약간

선택 재료
- □ 파슬리가루 약간

5 전자레인지에서 꺼낸 후 고루 잘 섞어요.

6 익혀낸 달걀밥 위에 피자치즈, 슬라이스 치즈를 올리고 전자레인지에 약 1분간 익힌 후 파슬리가루를 뿌려 완성해요.

색다른 간편요리
닭가슴살 카레볶음밥

닭가슴살 통조림과 카레가루로 쉽고 간단하게 만드는 볶음밥이에요.
시판용 카레가루가 간을 맞춰주기 때문에 다른 양념 없이도 맛있는 볶음밥이 완성된답니다.

2인분

 20분

양파, 피망, 당근은 사방 0.5cm 크기로 다져요.

통조림 닭가슴살은 체에 밭쳐 물기를 제거해요.

달군 팬에 식용유를 두르고 양파, 당근, 피망, 닭가슴살을 넣고 중불에서 2분간 볶아요.

밥, 카레가루를 넣고 중불에서 3분간 보슬보슬하게 볶아 완성해요.

 재료

- ☐ 닭가슴살 통조림 1캔
- ☐ 밥 2공기
- ☐ 양파 1/2개
- ☐ 피망 1/2개
- ☐ 당근 1/3개
- ☐ 식용유 약간
- ☐ 카레가루 4숟가락

아이도 어른도 군침 도는
베이컨삼각주먹밥

김 대신 베이컨을 감싼 구운 삼각주먹밥! 한 손으로 집어 먹기 편해서 아이들이 좋아해요.

2인분

 30분

양파, 당근, 대파는 잘게 다져요.

달군 팬에 식용유를 두르고 다진 채소를 중약불에서 2분간 볶아요.

간은 조금 싱겁게 맞추세요.

밥을 넣고 소금, 후추로 간을 맞추며 볶은 후 볼에 담아요.

볶음밥을 삼각형 모양으로 빚은 후 베이컨으로 감싸요.

 재료

□ 밥 1+1/2공기
□ 베이컨 4줄
□ 양파 1/4개
□ 당근 1/4개
□ 대파 1대
□ 소금 약간
□ 후추 약간
□ 식용유 약간

달군 팬에 이음새 부분을 먼저 익힌 다음 앞뒤로 노릇하게 구워 완성해요.

자꾸자꾸 손이 가는
스팸마요주먹밥

동글동글 만들기도 쉽고 먹기에도 편한 주먹밥! 짭조름한 스팸과 느끼함을 잡아 줄 김치를 함께 넣어 스팸마요주먹밥 만들어 보세요.

★ ★ ★
진짜 간단한
한 그릇 요리
9위

2인분

30분

스팸, 양파는 잘게 다지고, 달걀은 고루 풀어 준비해요.

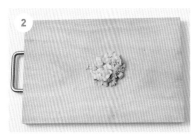

김치는 양념을 씻어낸 후 잘게 다져요.

달군 팬에 식용유를 두르고 풀어 둔 달걀 을 부어 중약불에서 스크램블을 해요.

3에 스팸, 양파를 넣고 중불로 볶아 한 김 식혀요.

 재료

☐ 달걀 1개
☐ 스팸 1/3캔
☐ 양파 1/2개
☐ 배추김치 1/2종이컵
☐ 밥 2공기
☐ 조미 김가루 1종이컵
☐ 식용유 약간

양념 재료
☐ 소금 약간
☐ 참기름 1숟가락
☐ 깨소금 1숟가락

소스 재료
☐ 마요네즈 적당량

볼에 밥과 2, 4를 넣고 **양념 재료**를 넣어 섞어요.

원하는 크기로 동그랗게 뭉친 다음 김가 루 옷을 입혀요.

그릇에 담고 마요네즈를 뿌려 완성해요.

짭조름한 맛에 반죽이
잔멸치볶음밥

대표적인 밑반찬인 잔멸치로 담백하고 고소한 볶음밥을 만들어 볼까요?
냉장고 속에 잔멸치볶음이 있다면 밥만 넣고 볶아 주세요.

2인분

 20분

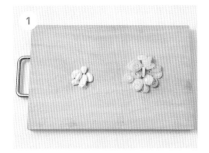

마늘은 얇게 썰고, 대파는 송송 썰어요.

양념장 재료를 넣고 양념장을 만들어요.

맛술을 넣고
볶으면 멸치비린내를
제거할 수 있어요.

달군 팬에 식용유를 두르고 잔멸치, 맛술을 넣어 1분간 볶은 후 접시에 덜어 한 김 식혀요.

달군 팬에 대파, 마늘을 넣고 중불로 볶아 향을 내요.

 재료

☐ 잔멸치 1종이컵
☐ 밥 2공기
☐ 마늘 5톨
☐ 대파 1/2대
☐ 맛술 1숟가락
☐ 식용유 약간

양념장 재료

☐ 간장 1숟가락
☐ 참기름 1/2숟가락
☐ 통깨 약간

4에 잔멸치, 밥, 양념장을 넣고 중불에서 5분간 볶아 완성해요.

간단하지만 색다른 한 끼
고추참치볶음밥

편의점에서도 쉽게 구할 수 있는 재료로 후다닥 만드는
한끼 요리예요. 간단하지만 맛은 그만이랍니다.

진짜 간단한
한 그릇 요리
11위

만|드|는|법

 2인분

 15분

1

볼에 달걀을 넣고 잘 풀어요.

2

달군 팬에 식용유를 두른 뒤 달걀을 넣고 중약불에서 스크램블을 해요.

3

달걀이 익으면 밥을 넣고 볶아요.

4

매운맛을 더하고 싶다면 청양고추를 넣고 볶아 주세요.

고추참치, 통조림 옥수수, 소금, 후추를 넣고 볶아 완성해요.

 재료

☐ 밥 2공기
☐ 고추참치 1+1/2캔
☐ 통조림 옥수수 6숟가락
☐ 달걀 2개
☐ 소금 약간
☐ 후추 약간
☐ 식용유 약간

부드러운 맛과 풍미!!
달걀스프덮밥

부드러워 호로록 넘기기 좋은 달걀스프를 밥과 함께 드셔 보세요. 누구나 좋아하는 덮밥 요리예요.

2인분

 30분

1
크래미는 잘게 찢고 대파는 송송 썰고, 달걀은 고루 풀어요.

2
볼에 **전분물 재료**를 넣고 전분물을 만들어요.

3
달군 팬에 식용유를 두르고 대파, 다진 마늘을 중불에서 볶아 향을 내요.

4
향이 올라오면 물 1+1/2종이컵, 간장, 설탕을 넣고 끓여요.

5
끓기 시작하면 크래미를 넣고 끓여요.

약불로 끓여야 달걀이 부드럽고, 전분물이 뭉치지 않아요.

6
달걀을 조금씩 넣어가며 시계방향으로 저어 익힌 후 전분물로 농도를 맞춰요.

 재료

- □ 크래미 4개
- □ 대파 1/2대
- □ 다진 마늘 1숟가락
- □ 간장 2숟가락
- □ 설탕 1/3숟가락
- □ 소금 약간
- □ 후추 약간
- □ 식용유 약간
- □ 달걀 4개
- □ 밥 2공기
- □ 참기름 1/2숟가락

전분물 재료

- □ 전분 3숟가락
- □ 물 3숟가락

7
소금, 후추로 간을 맞추고 불을 끈 후 참기름을 둘러요.

8
그릇에 밥과 함께 담아 완성해요.

잔칫상 부럽지 않은

원팬 잡채덮밥

어렵다고 생각했던 잡채를 팬 하나로 뚝딱 만들 수 있어요. 고슬고슬한 밥 위에 올리면 근사한 한 그릇 덮밥 완성!

2인분

 60분

1

당면은 미지근한 물에 30분간 불려요.

2

건표고 대신 생표고버섯을 사용해도 좋아요.

건표고는 미지근한 물에 20분간 불려 물기를 꼭 짠 다음 채 썰어요.

3

어묵, 양파, 파프리카는 채 썰고, 부추는 5cm 길이로 썰어요.

4

당면에 양념이 밸 수 있도록 불조절을 해주세요.

팬에 당면, 버섯, **양념 재료**를 넣고 중불에서 10~12분간 끓여요.

 재료

□ 당면 120g
□ 건표고버섯 3개
□ 사각어묵 1장
□ 양파 1/2개
□ 파프리카 1/2개
□ 부추 1줌
□ 참기름 1숟가락
□ 후추 약간
□ 통깨 약간
□ 식용유 2숟가락

양념 재료

□ 간장 5숟가락
□ 설탕 2숟가락
□ 다진 마늘 1/2숟가락
□ 식용유 1숟가락
□ 물 3종이컵

5

매콤한 잡채밥을 완성하려면 고추기름 또는 청양고추를 넣고 볶아요.

국물이 4숟가락 정도 남았을 때 식용유를 추가로 더 넣고 양파, 파프리카, 어묵을 넣어 수분을 날리듯이 볶아요.

6

불을 끄고 부추, 참기름, 후추, 통깨를 넣고 섞어요.

7

그릇에 밥과 함께 담아 완성해요.

곁들여 먹으면 좋은 간단 겉절이

알배추겉절이

2인분

40분

만 | 드 | 는 | 법

□ 알배추 1/2통
□ 굵은소금 1/2종이컵
□ 대파 1대
□ 통깨 1/2숟가락
□ 참기름 1숟가락

양념장 재료
□ 고춧가루 1/2종이컵
□ 다진 마늘 1숟가락
□ 까나리액젓(멸치액젓) 3숟가락
□ 매실액 2숟가락
□ 설탕 1숟가락

1 알배추는 길게 썰고, 대파는 짧게 어슷 썰어요.

2 미지근한 물 1종이컵에 굵은소금을 넣고 소금을 녹여 알배추를 20~30분간 절여요.
   배추의 줄기가 휘어질 때까지 절여요.

3 양념장 재료를 섞어 겉절이 양념장을 만들어요.

4 절인 배추는 흐르는 물에 가볍게 헹구고 체반에 받쳐 물기를 제거해요.

5 볼에 겉절이 양념장, 절인 배추, 대파를 넣고 고루 버무린 다음 참기름, 통깨를 넣고 가볍게 섞어 완성해요.
   바로 먹을 겉절이에만 참기름을 넣어요.

108

양파겉절이

4인분

5분

만 | 드 | 는 | 법

□ 양파 2개
□ 통깨 1숟가락

양념 재료

□ 간장 3숟가락
□ 고춧가루 1+1/2숟가락
□ 매실액 1숟가락
□ 참기름 1숟가락

1 양파는 얇게 채 썰어요.
  채 썬 양파를 찬물에 담그면 매운맛이 빠져요.

2 볼에 양파와 **양념 재료**를 넣고 버무려요.

3 통깨를 뿌려 완성해요.

4.
감성 돋는 브런치

주말엔 간단하지만 느낌 있게 브런치 한 그릇 어떠세요? 이국적인 향이 물씬 나는
요리나 갓 구운 따뜻한 토스트 등 브런치 카페에서 여유를 즐기듯 먹을 수 있는 레시피를
가득 담았어요.

매콤한 멕시코 가정식
칠리콘카르네덮밥

이국적인 향이 물씬 나는 칠리콘카르네는 또띠아나 나초칩과 곁들여 맥주 안주로 즐겨도 좋아요.
프랑크 소시지를 구워 밥과 함께 곁들이면 든든한 한 끼 식사로 그만이랍니다.

2인분

30분

재료

- □ 소고기 다짐육 2종이컵
- □ 양파 1/2개
- □ 피망 1/2개
- □ 다진 마늘 1숟가락
- □ 통조림 옥수수 1/2종이컵
- □ 통조림 강낭콩 1/2종이컵
- □ 슈레드 체다치즈 1종이컵
- □ 홀토마토 1+1/2종이컵
- □ 큐민파우더 1/2숟가락
- □ 칠리파우더 2숟가락
- □ 사워크림 적당량
- □ 식용유 약간
- □ 소금 약간
- □ 후추 약간

1 양파와 피망은 잘게 다져요.

2 소고기는 키친타월에 올려 핏물을 제거해요.

3 달군 팬에 식용유를 두르고 양파, 피망, 다진 마늘을 넣고 중불에서 볶아요.

4 양파가 투명해지면 소고기를 넣고 익을 때까지 충분히 볶아요.

5 옥수수, 강낭콩을 넣고 중불에서 2분간 볶아요.

홀토마토를 으깨가며 끓여주세요.

6 홀토마토, 큐민파우더, 칠리파우더를 넣고 10분간 중불에서 끓인 후 소금, 후추로 간을 맞춰요.

구운 소시지, 또띠아, 나쵸칩을 함께 곁들이면 더 맛있어요.

7 밥과 함께 그릇에 담고 슈레드치즈, 사워크림을 얹어 완성해요.

근사한 브런치 느낌 있게

토마토리조또

파스타면이 아니라 밥으로 만드는 이탈리안 브런치 메뉴예요. 시판 토마토소스를 사용해서 만드는 법도 간단해요.
해산물도 듬뿍 넣어주면 근사한 브런치 완성!

만|드|는|법

 2인분

 20분

 **재료**

- ☐ 시판 토마토소스 1+1/2종이컵
- ☐ 냉동 해물믹스 1팩(80g)
- ☐ 양파 1/4개
- ☐ 마늘 2톨
- ☐ 밥 1공기
- ☐ 소금 약간
- ☐ 후추 약간
- ☐ 올리브유 2숟가락

해물밑간 재료

- ☐ 소금 약간
- ☐ 후추 약간
- ☐ 맛술 1숟가락

선택 재료

- ☐ 파마산치즈 약간
- ☐ 파슬리가루 약간

1

양파는 다지고 마늘은 얇게 썰어요.

2

냉동 해물믹스는 찬물에 담가 해동한 후 물기를 제거하고 **해물밑간 재료**를 넣고 간을 해요.

3

달군 팬에 올리브유를 두르고 마늘, 양파를 중불에서 1~2분간 볶아 향을 내요.

4

해물믹스를 넣고 센 불에 1분간 볶아요.

5

물 1종이컵, 토마토소스를 넣고 바글바글 끓여요.

6

소스가 끓어오르면 밥을 넣어 중불에서 3분간 끓이고 소금, 후추로 간을 맞춰요.

7

그릇에 담아 파마산치즈, 파슬리가루를 뿌려 완성해요.

가끔은 브런치 카페처럼

스크램블에그 오픈샌드위치

몽글몽글 부드러운 스크램블에그를 듬뿍 올려 치즈와 함께 먹는 오픈샌드위치예요.
주말의 여유를 즐기면서 브런치로 즐기기 좋아요.

2인분

 20분

> 사우어브레드나 호밀빵 등으로 만들어도 맛있어요.

1 베이글을 가로로 2등분하여 팬에 앞뒤로 노릇하게 구워요.

2 쪽파는 송송 썰어요.

3 볼에 달걀, 소금, 후추를 넣고 골고루 풀어요.

> 달걀이 몽글몽글해질 때까지만 익혀야 부드러워요.

4 달군 팬에 버터를 녹인 후 달걀물을 붓고 한쪽 방향으로 저어가며 반숙 스크램블을 만들어요.

 재료

- □ 베이글 2개
- □ 쪽파 2줄
- □ 버터 2숟가락
- □ 달걀 5개
- □ 슈레드치즈 2숟가락
- □ 소금 약간
- □ 후추 약간

스프레드 재료

- □ 마요네즈 3숟가락

5 베이글 한쪽 면에 마요네즈를 바르고 스크램블을 올린 다음 쪽파, 슈레드치즈를 뿌려 완성해요.

아삭, 바삭하게!
반미샌드위치

베트남식 바게트 샌드위치인 반미는 이색적인 맛과 식감을 가진
인기 메뉴이지요. 새콤달콤한 무절임과 돼지불고기로 속을 채워
한입만 먹어도 든든하답니다.

감성 돋는
브런치
4위

만|드|는|법

2인분

60분

 재료

- ☐ 돼지고기 앞다리살(불고기용)
  1/2팩(250g)
- ☐ 쌀바게트 2개
- ☐ 양상추 4장
- ☐ 오이 1/2개
- ☐ 청양고추 1개
- ☐ 당근 1/3개
- ☐ 무 1/8개
- ☐ 고수 약간
- ☐ 식용유 약간

피클액 재료
- ☐ 다진 마늘 1/3숟가락
- ☐ 피쉬소스 2숟가락
- ☐ 설탕 2숟가락
- ☐ 식초 1숟가락
- ☐ 레몬즙 4숟가락
- ☐ 물 1컵

돼지고기 양념 재료
- ☐ 피쉬소스 1숟가락
- ☐ 간장 1숟가락
- ☐ 다진 마늘 1/3숟가락
- ☐ 설탕 1/2숟가락

스리라차마요 소스 재료
- ☐ 마요네즈 4숟가락
- ☐ 스리라차소스 1+1/2숟가락
- ☐ 설탕 1/3숟가락

1

당근, 무는 길이 6cm, 두께 0.3cm로 채 썰어요.

샌딩할 때 빵이 눅눅해질 수 있으니 물기를 꼭 짜서 사용해요.

2

피클액 재료에 채 썬 당근, 무를 넣은 다음 20분간 절여 당근무절임을 만들어요.

3

볼에 돼지고기와 **돼지고기 양념 재료**를 넣고 버무려 10분간 재워요.

4

씻은 양상추는 물기를 제거해요. 오이는 어슷썰기 하고, 청양고추는 송송 썰어요.

5

달군 팬에 식용유를 두르고 돼지고기를 중불에서 4~5분 동안 수분을 날리면서 볶아요.

6

스리라차마요 소스 재료를 섞은 뒤 반으로 가른 쌀바게트 안쪽에 넉넉히 발라요.

7

6에 양상추, 오이, 당근무절임, 돼지고기를 채우고 청양고추, 고수를 얹어 완성해요.

소울 넘치는 한 그릇
새우 그라탕덮밥

특별한 밥 요리가 필요하다면 피자치즈를 듬뿍 올린 그라탕덮밥 어때요? 크림소스를 더해 고소하고 촉촉한 맛이 일품이랍니다.

2인분

 30분

양파, 양송이버섯은 잘게 다져요.

새우는 흐르는 물에 깨끗이 씻은 후 물기를 제거해요.

달군 팬에 올리브유를 두르고 양파, 양송이를 중불에서 1~2분간 볶다가 새우를 넣고 1분간 더 볶아요.

크림파스타 소스를 밥과 함께 볶으면 꾸덕한 맛의 새우그라탕을 만들 수 있어요.

밥을 넣고 중불에서 5분간 볶다가 소금, 후추로 간을 맞춰요.

 재료

☐ 탈각새우 1/2종이컵
☐ 양파 1/2개
☐ 양송이버섯 5개
☐ 밥 1+1/2공기
☐ 크림파스타 소스 1+1/2종이컵
☐ 소금 약간
☐ 후추 약간
☐ 피자치즈 1종이컵
☐ 올리브유 약간

선택 재료

☐ 파슬리가루 약간

파슬리가루를 뿌려도 좋아요.

내열용기에 볶음밥, 크림파스타 소스를 얹고 피자치즈를 뿌려 190도로 예열된 오븐에 8~10분간 구워 완성해요.

이 조합 완전 찬성일세
버섯 크림스프

향긋한 버섯향과 고소한 우유의 풍미가 잘 어우러진 스프예요.
미리 만들어 두었다가 바쁜 아침 호로록 마시면 든든하게 하루를 시작할 수 있겠죠?

만 | 드 | 는 | 법

 2인분

 30분

버섯류는 물에 오래 씻으면 맛과 향이 떨어져요.

양송이버섯은 키친타월로 표면을 털어낸 후 굵게 채 썰어요.

양파는 채 썰어요.

밥을 약간 넣어 끓이면 농도를 걸쭉하게 맞출 수 있어요.

달군 냄비에 버터를 녹여 양파, 버섯을 중불에서 볶아요.

양파가 투명해지면 물 1+1/2종이컵, 치킨스톡(큐브), 밥을 넣고 1~2분 끓여요.

구운 식빵에 찍어 먹거나 크루통을 만들어 곁들이면 더 맛있어요.

끓으면 불을 끄고 핸드블랜더나 믹서기로 곱게 간 다음 우유, 생크림을 넣어 중약불로 10분간 뭉근히 끓이고 소금, 후추로 간을 맞춰요.

재료

- ☐ 양송이버섯 7~8개
- ☐ 양파 1/8개
- ☐ 밥 4숟가락
- ☐ 버터 2숟가락
- ☐ 우유 1종이컵
- ☐ 생크림 1+1/2종이컵
- ☐ 치킨스톡(큐브) 1/2개
- ☐ 소금 약간
- ☐ 후추 약간

선택 재료
- ☐ 식빵 2조각

부드러운 화이트 크림
감자스프

차갑게 또는 따뜻하게 먹을 수 있는 감자스프를 만들어 보세요.
머그컵에 담아 후루룩 마시거나, 브런치에 같이 곁들여 보는 건 어떨까요?

만 | 드 | 는 | 법

2인분

40분

재료

- ☐ 대파(흰대 15cm) 2대
- ☐ 양파 1/4개
- ☐ 감자(중) 3개
- ☐ 버터 2~3숟가락
- ☐ 치킨스톡(큐브) 1/2개
- ☐ 생크림 1/2종이컵
- ☐ 우유 1/2종이컵
- ☐ 올리브유 약간
- ☐ 소금 약간
- ☐ 후추 약간

크루통 재료
- ☐ 식빵 2장
- ☐ 올리브유 1숟가락

1. 대파는 송송 썰고, 양파는 채 썰어요.

2. 감자는 껍질을 벗긴 후 얇게 썰어요.

3. 냄비에 버터와 올리브유를 넣고, 대파, 양파를 중약불에서 5분간 볶아요.

4. 양파, 대파가 충분히 물러지면 감자를 넣고 가볍게 볶은 후 물 2종이컵, 치킨스톡을 넣고 감자가 익을 때까지 끓여요.

5. 감자가 익는 동안 식빵을 사방 1cm 크기로 썰어서 올리브유를 두른 팬에 노릇하게 구워 크루통을 만들어요.

6. 감자가 충분히 익으면 핸드블랜더 또는 믹서기로 곱게 갈아요.

7. 생크림, 우유를 넣고 한소끔 끓여 소금, 후추로 간을 맞춰요.

차갑게 드시려면 실온에서 충분히 식혔다가 냉장고에 넣어 보관해요.

8. 그릇에 담아 차가운 생크림을 두르고 크루통을 얹어 완성해요.

감성 톡톡
브런치
8위

맛과 풍미의 클래스가 다르다
병아리콩 토마토스프

한 그릇으로 든든한 스프예요. 씹을수록 고소한 병아리콩을 넣어 한 끼 식사로도 충분한 건강스프랍니다.

만 | 드 | 는 | 법

 2인분

 30분

> 일반 병아리콩은
> 6시간 이상 충분히
> 불려서 사용해요.

① 통조림 병아리콩 또는 병아리콩을 흐르는 물에 깨끗이 씻어요.

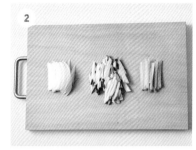

② 양파, 주키니호박, 샐러리는 채 썰어요.

③ 냄비에 올리브유를 두른 뒤 양파, 샐러리, 다진 마늘을 넣고 중불에서 2분간 볶아 향을 내요.

④ 양파가 투명해지면 물 1+1/2종이컵, 토마토소스를 넣고 중불에서 끓여요.

 재료

- □ 병아리콩 또는
  통조림 병아리콩 1종이컵
- □ 샐러리 1/2대
- □ 주키니호박 1/4개
- □ 양파 1/2개
- □ 다진 마늘 1숟가락
- □ 시판용 토마토소스 2종이컵
- □ 올리브유 약간
- □ 바게트 2조각
- □ 파마산 치즈 약간
- □ 소금 약간
- □ 후추 약간

> 시큼한 토마토소스
> 사용 시 설탕을 추가로
> 넣고, 소금은 기호에
> 맞춰 조절하세요.

⑤ 끓기 시작하면 병아리콩, 주키니호박을 넣고 중약불로 10분간 뭉근히 끓여 소금, 후추로 간을 맞춰요.

⑥ 그릇에 담고 파마산치즈와 구운 빵을 곁들여 완성해요.

맛도 비주얼도 최고!
시금치 새우프리타타

이탈리안식 달걀요리예요. 우리나라 달걀찜과
비슷해서 친숙한 느낌의 요리죠. 새우와 다양한
채소들을 넣어 영양을 듬뿍 담았답니다.

감성 돋는
브런치
9위

2인분

 30분

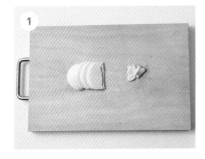
양파는 채 썰고, 마늘은 얇게 썰어요.

시금치는 뿌리를 다듬어 2등분하고 새송이버섯은 얇게 썰어요.

볼에 달걀, 우유를 넣고 고루 풀어 달걀물을 만들어요.

팬의 사이즈는 15cm 이내로 사용해야 두툼한 프리타타를 만들 수 있어요.

달군 팬에 식용유를 두르고 양파, 마늘을 중불에서 1~2분간 볶아 향을 내요.

 재료

□ 시금치 한 줌(100g)
□ 탈각새우 1/2종이컵
□ 달걀 5개
□ 새송이버섯 1/2개
□ 양파 1/2개
□ 마늘 1톨
□ 우유 1/2 종이컵
□ 식용유 약간
□ 소금 약간
□ 후추 약간
□ 파슬리가루 약간

양파가 투명해지면 새우, 버섯을 넣고 2분간 볶다가 시금치를 넣고 빠르게 볶으며 소금, 후추로 간을 맞춰요.

바닥이 타지 않도록 최대한 약불에서 천천히 익혀요.

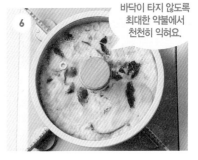
시금치가 숨이 죽기 시작하면, 달걀물을 부어 뚜껑을 닫고 10분간 약불로 익힌 뒤 파슬리가루를 뿌려 완성해요.

미트볼그라탕

브런치나 손님 초대 요리로도 손색없는 그라탕이에요.
동글동글 한입 사이즈의 미트볼은 미리 만들어 냉동 보관해 두었다가 파스타 요리에 활용해도 좋아요.

2인분

 30분

손으로 충분히 치대야 구웠을 때 미트볼이 깨지지 않아요.

볼에 **미트볼 재료**를 넣고 충분히 치대어 한입 크기로 미트볼을 뭉쳐요.

달군 팬에 올리브유를 두르고 미트볼을 중약불에서 5분간 익혀요.

마지막에 파슬리가루를 뿌려도 좋아요.

오븐용기에 미트볼을 담은 후 토마토소스를 붓고 피자치즈를 뿌린 다음 180도로 예열된 오븐에 15분간 익혀요.

 재료

☐ 시판용 토마토소스 2종이컵
☐ 피자치즈 1종이컵
☐ 파슬리가루 약간
☐ 올리브유 약간

미트볼 재료

☐ 소고기 다짐육 150g
☐ 돼지고기 다짐육 150g
☐ 다진 양파 3순가락
☐ 다진 마늘 1순가락
☐ 케첩 1순가락
☐ 빵가루 1/3종이컵
☐ 달걀 1/2개
☐ 소금 약간
☐ 후추 약간

진한 부드러움이 혀를 감싸네
까르보떡볶이

매콤한 떡볶이도 좋지만 크림의 눅진함과 부드러움이 있는
까르보떡볶이도 매력 만점이에요. 매운 걸 못 먹는 아이들도
맛있게 먹을 수 있는 떡볶이 요리랍니다.

★ ★ ★
감성 돋는
브런치
11위

만 | 드 | 는 | 법

 2인분

 30분

 재료

- ☐ 떡볶이떡 2종이컵
- ☐ 베이컨 2줄
- ☐ 양파 1/4개
- ☐ 버터 1숟가락
- ☐ 생크림 1/2종이컵
- ☐ 파마산치즈가루 3숟가락
- ☐ 달걀 노른자 2개
- ☐ 올리브유 1숟가락
- ☐ 소금 약간
- ☐ 후추 약간
- ☐ 파슬리가루 약간

1

말랑한 떡일 경우 가볍게 행궈 물기를 제거하고 사용해요.

떡볶이떡은 찬물에 5분간 담근 후 체에 밭쳐 물기를 제거해요.

2

양파는 채 썰고, 베이컨은 1cm 폭으로 썰어요.

3

볼에 생크림, 파마산치즈가루, 달걀 노른자를 넣고 섞어 달걀물을 만들어요.

4

팬에 올리브유를 두르고 베이컨을 중불에서 2분간 볶아요.

5

베이컨이 노릇해지면 버터, 양파를 넣고 중불에서 1분간 볶다가 떡볶이떡을 넣고 3분간 더 볶아요.

6

달걀이 너무 익지 않도록 약불로 저어가며 천천히 끓여요.

달걀물을 넣은 뒤 걸쭉한 농도가 될 때까지 약불로 볶듯이 끓여 소금으로 간을 맞춰요.

7

접시에 담고 후추, 파슬리가루를 뿌려 완성해요.

케첩은 사랑입니다
나폴리탄파스타

파스타가 먹고 싶지만 토마토소스를 만들기도 번거롭고
시판 소스도 없다면? 만능소스 케첩으로 일본식 파스타인
나폴리탄파스타를 만들어 보세요. 어릴 적 먹어본 듯한
케첩 베이스의 파스타 요리가 추억을 되살려줄 거예요.

★★★
감성 돋는
브런치
12위

2인분

 20분

1

매콤한 맛을 내려면 청양고추를 추가로 넣어도 좋아요.

양파, 청피망은 채 썰고, 마늘을 편 썰고, 비엔나소시지는 칼집을 넣어요.

2

달군 팬에 올리브유를 두르고 양파, 청피망, 마늘, 비엔나소시지를 넣고 중불에서 볶아요.

3

물이 많이 졸아들면 조금씩 추가하며 면이 익을 때까지 끓여요.

뜨거운 물 3~4종이컵, 스파게티면을 넣고 중불에서 7~8분간 삶은 후 체에 밭쳐요.

4

팬에 남아있는 물은 1/2종이컵 정도 될 수 있도록 맞춰요.

스파게티면이 익으면 케첩, 굴소스를 넣고 남아있는 물이 졸아들 때까지 중불로 볶아요.

 재료

□ 스파게티면 2인분(140g)
□ 양파 1/2개
□ 마늘 4톨
□ 청피망 1/2개
□ 비엔나소시지 10개
□ 케첩 4숟가락
□ 굴소스 1숟가락
□ 소금 약간
□ 후추 약간
□ 올리브유 약간
□ 파마산치즈가루 1숟가락

5

소금, 후추, 파마산치즈가루로 간을 맞춰 완성해요.

더할 나위 없는
뚝배기파스타

뚝배기에 된장찌개만 끓이라는 법 있나요? 마지막 한 젓가락까지 뜨겁게 먹을 수 있는 뚝배기파스타는 어떠세요?
해물과 고추장이 들어가 시원하고 얼큰해서 해장 파스타로도 좋아요.

2인분

 30분

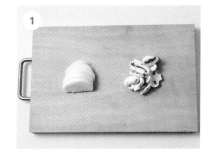

1 양파는 채 썰고, 양송이버섯은 얇게 썰어요.

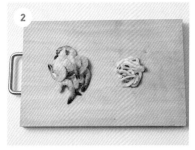

2 새우는 등쪽에 칼집을 내고 오징어는 먹기 좋게 잘라요.

3 물 5종이컵, 소금을 넣고 스파게티면을 6~7분간 삶은 후 면수 1종이컵을 따로 담아두고 체에 밭쳐요.

4 뚝배기에 올리브오일을 두르고 다진 마늘, 양파를 넣은 다음 중약불로 1분간 볶아 향을 내요.

 재료

□ 스파게티면 2인분(140g)
□ 양파 1/2개
□ 양송이버섯 4개
□ 새우 10마리
□ 오징어 1/2마리
□ 다진 마늘 1숟가락
□ 올리브오일 약간
□ 소금 약간
□ 후추 약간

소스 재료

□ 토마토소스 2종이컵
□ 고추장 1+1/2숟가락
□ 고춧가루 1/2숟가락

5 손질한 버섯, 새우, 오징어를 넣고 소금, 후추로 간을 맞춰 볶아요.

6 **5**에 **소스 재료**, 삶은 스파게티면, 면수 1종이컵을 넣고 중불로 5분간 끓여 완성해요.

바쁜 아침 든든하게 채워줄
달걀토스트

갓 구운 따끈한 토스트와 커피 한잔으로 시작하는 아침! 달걀과 식빵만 있어도 쉽게 만들 수 있어요.

만 | 드 | 는 | 법

 2인분

 15분

달걀물은 달걀 1개당 소금 1꼬집 정도 넣으면 간이 잘 맞아요.

1

볼에 달걀과 소금을 넣고 잘 풀어 달걀물을 만들어요.

2

달군 팬에 식용유를 두르고 달걀물을 부어 약불에서 익혀요.

3

달걀의 가장자리가 익기 시작할 때쯤 식빵을 올려요.

4

달걀이 반 정도 익어 식빵이 고정되면 식빵 크기에 맞춰 가장자리를 접어요.

 재료

□ 식빵 2개
□ 달걀 4개
□ 슬라이스 치즈 2장
□ 슬라이스 햄 2장
□ 설탕 1숟가락
□ 소금 약간
□ 식용유 약간

5

달걀 위에 치즈, 햄을 올리고 설탕을 뿌려요.

6

식빵을 반으로 접고 앞뒤로 구워가며 치즈를 녹여 완성해요.

함께 먹으면 더 맛있어요

아삭아삭 피클

오이피클

10회분

20분

만|드|는|법

□ 오이 3개
□ 양배추 3장
□ 빨강 파프리카 1/2개
□ 노랑 파프리카 1/2개

절임물 재료
□ 물 1+1/2종이컵
□ 식초 5종이컵
□ 설탕 3+1/2종이컵
□ 소금 1+1/2숟가락

1 유리병을 열탕소독해요.

2 오이는 칼로 돌기를 제거하고 양배추, 빨강 파프리카, 노랑 파프리카와 함께 한입 크기로 썰어요.

3 냄비에 **절임물 재료**를 넣고 센 불에서 한소끔 끓여요.

4 열탕소독한 병에 채소를 넣고 뜨거운 절임물을 뜨거운 상태로 부어 완전히 식힌 후 뚜껑을 덮어 완성해요.
   1~2일간 서늘한 실온에서 숙성시킨 후 냉장보관해 드세요.

양배추피클

🍴 **2인분**

⏲ **20분**

만 | 드 | 는 | 법

☐ 양배추 1/4통
☐ 청양고추 2개
☐ 설탕 1종이컵
☐ 식초 1종이컵
☐ 통후추 10알
☐ 소금 1/2숟가락

1 냄비에 물 5종이컵, 설탕, 소금, 통후추를 넣고 끓여요.

2 가장자리가 끓기 시작하면 식초를 넣은 다음 중불에서 1분간 끓여 피클액을 만들고 미지근할 정도로 식혀요.
　뜨거운 피클액을 바로 넣으면 채소가 물러지니 꼭 식혀주세요.

3 양배추는 한입 크기로 썰고 청양고추는 1cm 폭으로 송송 썰어요.

4 양배추, 청양고추는 보관용기에 담아요.
　청양고추 대신 파프리카를 넣어도 좋아요.

5 미지근한 피클액을 용기에 부어 완전히 식힌 후 뚜껑을 닫아 냉장고에 2시간 정도 차갑게 두었다 먹어요.
　만들었다가 다음 날 먹으면 가장 맛있어요. 일주일 내로 섭취해요.

5.

가벼운
한 그릇
요리

탄수화물 걱정, 다이어트 고민, 이제 모두 날려버리세요. 맛까지 훌륭한 다이어트 한 그릇
요리를 모았어요. 가볍게 즐기는 이색 요리 한 그릇이면 속은 든든하고 입은 즐겁답니다.

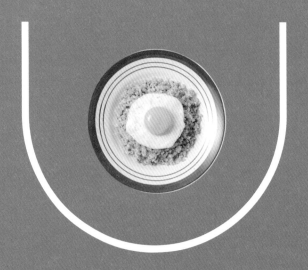

다이어트도 맛있게!
콜리플라워라이스 김치볶음밥

탄수화물 섭취를 줄이고 싶을 때, 쌀밥을 대신해 콜리플라워라이스로 볶음밥을 만들어 보세요.
콜리플라워 특유의 식감이 쌀밥처럼 고슬고슬하답니다.

2인분

 20분

양파, 애호박은 0.5cm 크기로 썰고, 배추김치는 굵게 다져요.

달군 팬에 식용유를 두르고 달걀프라이를 만들어요.

달군 팬에 버터를 녹여 콜리플라워라이스를 중약불에서 3분간 볶아요.

손질한 채소, 김치를 넣고 중불에서 볶다가 소금, 후추로 간을 맞춰요.

재료

- □ 콜리플라워라이스 2종이컵
- □ 양파 1/2개
- □ 애호박 1/2개
- □ 배추김치 1+1/2종이컵
- □ 달걀 2개
- □ 소금 약간
- □ 후추 약간
- □ 버터 1숟가락
- □ 식용유 약간

그릇에 김치볶음밥을 담고 달걀프라이를 올려 완성해요.

탄수화물은 다운, 맛은 업!
콜리플라워라이스 그라탕

산뜻한 토마토소스와 고소하고 부드러운 치즈를 듬뿍 올린 그라탕이에요.
밥 대신 콜리플라워라이스를 사용해 탄수화물 고민까지 줄인 메뉴랍니다.

2인분

 20분

1 양파, 파프리카는 0.5cm 크기로 다져요.

2 달군 팬에 버터, 올리브유를 두르고 양파, 파프리카를 중불에서 2분간 볶아요.

3 양파가 투명해지면 콜리플라워라이스를 넣고 중불에서 3분간 볶아요.

4 콜리플라워라이스가 익기 시작하면 토마토소스와 소금을 넣고 2분간 볶아요.

오븐이나 에어프라이어는 180도에서 5분간 구워주세요.

5 전자레인지 용기에 담고 피자치즈를 가득 올린 후 전자레인지에 3분간 치즈를 녹여 완성해요.

 재료

- ☐ 콜리플라워라이스 2종이컵
- ☐ 양파 1/2개
- ☐ 빨강 파프리카 1/2개
- ☐ 버터 1숟가락
- ☐ 시판용 토마토소스 2종이컵
- ☐ 피자치즈 1종이컵
- ☐ 올리브유 1숟가락
- ☐ 소금 약간

가볍게 즐기는 이색 요리
곤약밥 나시고랭

인도네시아식 볶음밥인 나시고랭을 현미곤약밥으로 만들어 탄수화물을 확 줄였어요. 숙주를 넣고 살짝만 볶아 아삭한 식감을
살려주는 게 포인트! 닭고기, 소고기 등 좋아하는 육류나 해산물을 넣어 다양하게 즐겨도 좋아요.

2인분

 30분

 재료

- ☐ 칵테일새우 10마리
- ☐ 마늘 2톨
- ☐ 숙주 한 줌(80g)
- ☐ 쪽파 2줄
- ☐ 현미곤약밥 2공기
- ☐ 식용유 약간

양념장 재료

- ☐ 간장 1숟가락
- ☐ 굴소스 1숟가락
- ☐ 맛술 2숟가락
- ☐ 후추 약간
- ☐ 설탕 1/3숟가락

선택 재료

- ☐ 달걀 2개

1

숙주는 꼬리를 떼고, 마늘은 얇게 썰고, 쪽파는 송송 썰어요.

2

볼에 **양념장 재료**를 넣고 양념장을 만들어요.

3

달군 팬에 식용유를 두르고 마늘을 중약불에서 1~2분간 볶아요.

4

칵테일새우를 넣고 볶다가 밥, 양념장을 넣고 중불에서 2~3분간 볶아요.

5

숙주의 아삭한 식감이 살도록 센 불에서 살짝만 볶아요. 달걀프라이를 같이 곁들여 먹으면 더 맛있어요.

숙주를 넣어 센 불에서 30초 정도 볶은 후 그릇에 담고 쪽파를 뿌려 완성해요.

곤약으로 라이트하게!
곤약 참치주먹밥

칼로리 조절이 필요할 때 저탄수화물인 곤약밥과
단백질 듬뿍 참치로 주먹밥을 만들어 보세요.
단짠 간장양념을 더해 겉만 노릇하게 구우면
겉바속촉 주먹밥 완성!

★ ★ ★
가뿐은
한 그릇 요리
4위

2인분

20분

통조림 참치는 체에 밭쳐 기름을 제거해요.

볼에 **양념 재료**를 넣고 섞어 양념을 만들어요.

볼에 곤약밥, 참치, 통깨, 소금, 후추를 넣고 섞어요.

밥 1 : 곤약밥 2 비율로 섞으면 밥이 더 잘 뭉쳐져요.

밥을 삼각형 모양으로 빚어요.

 재료

☐ 곤약밥 2공기
☐ 통조림 참치 1캔
☐ 통깨 2숟가락
☐ 소금 약간
☐ 후추 약간

양념 재료

☐ 간장 3숟가락
☐ 물 3숟가락
☐ 설탕 2숟가락
☐ 올리고당 1숟가락

팬에 양념을 넣고 약불에서 끓여요.

끓기 시작하면 삼각주먹밥을 넣고 양념이 배일 수 있도록 구워 완성해요.

쫄깃쫄깃 담백함 가득한
두부닭가슴살 유부초밥

밥 대신 두부와 닭가슴살로 속을 채운 단백질이 가득한 유부초밥 레시피예요.
한입에 쏙쏙 먹기도 편하고 만들기도 쉬운 다이어트 요리랍니다.

2인분

 20분

통조림 닭가슴살은 체에 밭쳐 물기를 제거한 뒤 잘게 찢어요.

끓는 물에 두부를 1분간 데친 다음 한 김 식혀요.

두부를 으깨서 물기를 제거해요.

닭가슴살과 **양념 재료**를 넣고 섞어 두부 소를 만들어요.

 재료

- □ 통조림 닭가슴살 1캔
- □ 두부 1/2개
- □ 시판 조미유부 1개(2~3인용)

양념 재료
- □ 참기름 1/2숟가락
- □ 소금 약간
- □ 후추 약간
- □ 식초 1숟가락

시판 조미유부의 물기를 가볍게 짠 후 두부소로 속을 채워 완성해요.

두부의 화려한 변신!
두부스테이크

식물성 단백질이 가득한 두부로 담백 고소한 스테이크를 만들어 보세요. 아이 어른 할 것 없이 고소한 맛에 반할 거예요.

2인분

 30분

 재료

☐ 두부 1모
☐ 표고버섯 1개
☐ 양파 1/4개
☐ 당근 1/4개
☐ 대파 1/2대
☐ 식용유 약간

패티양념 재료

☐ 달걀 1개
☐ 빵가루 6숟가락
☐ 전분 3+1/2숟가락
☐ 소금 약간
☐ 후추 약간

소스 재료

☐ 채 썬 양파 1/4개
☐ 다진 마늘 1/2숟가락
☐ 스테이크소스 4숟가락
☐ 케첩 2숟가락
☐ 굴소스 2숟가락
☐ 물 1/2종이컵
☐ 후추 약간

1

두부의 물기를 최대한 제거해야 구울 때 부서지지 않아요.

두부를 으깨고 면보로 물기를 꼭 짠 다음 면보에 밭쳐요.

2

양파, 당근, 표고버섯, 대파는 곱게 다져요.

3

볼에 으깬 두부, 채소(2), **패티양념 재료** 를 넣고 고루 섞어 패티반죽을 만들어요.

4

반죽은 손으로 치대어 둥글 납작한 패티 모양으로 빚어요.

5

달군 팬에 식용유를 두르고 중약불에서 앞뒤로 노릇하게 구워요.

6

팬을 가볍게 닦아 식용유를 두르고 **소스 재료**의 채 썬 양파, 다진 마늘을 중불에 서 1분간 볶아요.

7

나머지 **소스 재료**를 넣고 바글바글 끓여요.

8

접시에 두부스테이크를 담고 소스를 곁 들여 완성해요.

영양 가득 건강한 다이어트 요리

닭가슴살 곡물샐러드

식감이 좋은 보리를 넣어 톡톡! 씹히는 영양 만점 건강 샐러드예요. 선물 같은 한 끼를 나에게 선물해 보세요.

★★★
가벼운
한 그릇 요리
7위

2인분

40분

찰보리 10배 정도의 물을 넣으면 보슬보슬 잘 삶아져요.

찰보리를 깨끗이 씻어 20~25분간 삶은 뒤 찬물에 여러 번 헹궈 물기를 제거해요.

닭가슴살, 아보카도는 사방 1cm 크기로 자르고, 파프리카는 작게 썰고, 방울토마토는 반으로 잘라요.

삶은 닭가슴살을 사용하면 간편해요.

팬에 올리브유를 두르고 닭가슴살을 소금, 후추로 밑간해 가며 노릇하게 구워요.

오일류는 마지막에 조금씩 넣어가며 섞어야 분리되지 않아요.

볼에 드레싱 재료를 넣고 고루 섞어요.

재료

☐ 찰보리 1종이컵
☐ 닭가슴살 1장
☐ 빨강 파프리카 1/4개
☐ 노랑 파프리카 1/4개
☐ 방울토마토 10개
☐ 아보카도 1/2개
☐ 블랙올리브 2숟가락
☐ 어린잎채소 약간
☐ 올리브유 2숟가락
☐ 소금 약간
☐ 후추 약간

드레싱 재료

☐ 올리브유 4숟가락
☐ 레몬즙 3숟가락
☐ 올리고당 1숟가락
☐ 소금 약간
☐ 후추 약간

볼에 찰보리, 닭가슴살, 손질한 채소, 드레싱을 넣고 고루 섞어요.

접시에 담고 블랙올리브, 어린잎채소를 얹어 완성해요.

가벼운
한 그릇 요리
★★★
8위

쫀득하게 즐기는 이색 샐러드

곤약스테이크샐러드

채소만 있는 샐러드가 지겨우시다면 쫀득한 식감의 곤약으로 든든한 스테이크 샐러드 만들어 보세요.
쫀득한 곤약이 샐러드의 식감을 살려줄 거에요.

2인분

 30분

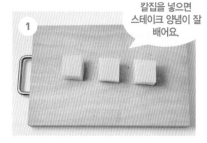

재료

- □ 곤약 1팩
- □ 표고버섯 1개
- □ 양송이버섯 2개
- □ 느타리버섯 1/2팩
- □ 양상추 3장
- □ 식초 1숟가락
- □ 올리브유 약간
- □ 소금 약간
- □ 후추 약간

양념 재료
- □ 간장 2숟가락
- □ 맛술 1숟가락
- □ 올리고당 1/2숟가락

드레싱 재료
- □ 올리브유 2숟가락
- □ 발사믹식초 1숟가락
- □ 꿀 1/2숟가락
- □ 소금 약간
- □ 후추 약간

칼집을 넣으면
스테이크 양념이 잘
배어요.

1

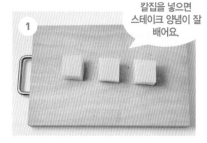

곤약은 사방 4cm 크기로 썰고 앞뒤로 촘촘히 벌집모양 칼집을 넣어요.

2

끓는 물에 식초를 넣고 곤약을 1분간 데쳐요.

3

느타리버섯 길게 찢고, 표고버섯, 양송이버섯은 모양대로 얇게 썰고, 양상추는 한 입 크기로 뜯어요.

4

팬에 올리브유를 두르고 버섯을 넣어 소금, 후추로 밑간을 한 뒤 중불에서 2분간 볶아요.

5

팬에 올리브유를 두르고 곤약, **양념 재료**를 넣고 수분이 날아갈 때까지 조려요.

6

볼에 **드레싱 재료**를 넣고 샐러드드레싱을 만들어요.

7

접시에 곤약스테이크, 양상추, 볶은 버섯을 담고 드레싱을 곁들여 완성해요.

야무지게 말아서 쏘옥
두부 라이스페이퍼구이

겉바속촉 구워 먹는 라이스페이퍼 요리! 라이스페이퍼에 담백한 두부소를 넣고 돌돌 말아 구워 주세요.
소스와 함께 곁들이면 손님 초대요리로도 좋아요.

2인분

30분

파프리카, 양파, 크래미는 곱게 다져요.

두부는 으깨고 물기를 꼭 짠 다음 면보에 밭쳐요.

볼에 손질한 **두부소 재료**를 모두 넣고 섞어요.

현미 라이스페이퍼는 미지근한 물에 담가 불린 후 깻잎, 두부소를 올려 돌돌 말아요.

 재료

☐ 현미 라이스페이퍼 8장
☐ 깻잎 8장
☐ 식용유 적당량

두부소 재료
☐ 두부 1/2모
☐ 노랑 파프리카 1/4개
☐ 빨강 파프리카 1/4개
☐ 크래미 5개
☐ 양파 1/8개
☐ 간장 1/2숟가락
☐ 소금 약간
☐ 후추 약간

소스 재료
☐ 칠리소스 약간
☐ 땅콩소스 약간
☐ 스리라차소스 약간

기호에 따라
칠리소스, 땅콩소스,
스리라차소스에
찍어 먹어요.

팬에 식용유를 두르고 두부 라이스페이퍼를 앞뒤로 노릇하게 구워 완성해요.

161

맛없는 다이어트는 NO!
토마토비빔밥

다이어트도 하고 맛과 영양도 챙기는 한 그릇!
신선한 채소와 포만감을 주는 현미밥을 더해서 칼로리는 가볍지만 속은 든든한 비빔밥 요리예요.

만 | 드 | 는 | 법

2인분

10분

1

방울토마토는 반으로 자르고 상추, 부추
는 한입 크기로 썰어요.

2

찬물에 담가두면
양파의 매운맛이
제거돼요.

양파는 곱게 채 썰어 찬물에 담가 물기를
제거해요.

3

볼에 **양념장 재료**를 넣고 섞어 양념장을
만들어요.

4

그릇에 현미밥을 담은 후 방울토마토, 손
질한 채소를 담고 양념장을 곁들여 완성
해요.

 재료

미트볼 재료
- ☐ 방울토마토 15개
- ☐ 부추 50g
- ☐ 청상추 4장
- ☐ 양파 1/2개
- ☐ 현미밥 2공기

양념장 재료
- ☐ 진간장 5숟가락
- ☐ 고춧가루 2+1/2숟가락
- ☐ 식초 1+1/2숟가락
- ☐ 다진 마늘 1숟가락
- ☐ 매실액 2숟가락
- ☐ 참기름 1숟가락
- ☐ 통깨 약간

에어프라이어로 만드는 다이어트 간식

단호박구이

🍴 2인분

🍲 30분

만 | 드 | 는 | 법

□ 단호박 1/3통
□ 소금 약간
□ 후추 약간

1 단호박은 반으로 갈라 씨를 파낸 뒤 1.5cm 두께로 납작 썰어요.

2 에어프라이어에 종이포일을 깔고 단호박을 올린 뒤 180도에서 10분 굽고 뒤집어서 10분간 더 구워요.

3 소금과 후추를 뿌려 완성해요.

브로콜리구이

2인분

20분

만 | 드 | 는 | 법

□ 브로콜리 1개(350g)
□ 올리브유 1숟가락
□ 허브소금 1/3숟가락

1 브로콜리는 깨끗이 씻어 물기가 있는 상태에서 먹기 좋은 크기로 잘라요.

2 에어프라이어에 종이포일을 깔고 올리브유 1/2숟가락을 뿌려요.

3 브로콜리를 넣고 올리브유 1/2숟가락을 뿌린 뒤 150도에서 10분간 구워요.

4 구워진 브로콜리에 허브소금을 뿌리고 가볍게 버무려 완성해요.

6

건강한
한 그릇
요리

든든하게 몸보신하고 싶을 때도 한 그릇 요리지요. 소박한 영양밥부터 구수한 별미
보양식까지 조금은 특별한 건강식으로 든든한 한 끼를 채워보세요. 기력 보충,
한 그릇이면 충분합니다.

밥이 보약이다!
버섯영양밥

향긋한 버섯의 향을 밥에 그대로 옮겨 놓은 듯한 영양 만점 요리예요. 내가 좋아하는 다양한 버섯을 올려 나만의 버섯영양밥을 만들어도 좋아요.

건강한
한 그릇
1위

2인분

40분

재료

- ☐ 쌀 2종이컵
- ☐ 대추 3알
- ☐ 밤 4개
- ☐ 표고버섯 2개
- ☐ 느타리버섯 1/2팩
- ☐ 당근 1/5개
- ☐ 애호박 1/5개
- ☐ 소고기 다짐육 1/2팩(100g)
- ☐ 맛술 1/2숟가락
- ☐ 후추 약간

양념장 재료

- ☐ 간장 3숟가락
- ☐ 설탕 1숟가락
- ☐ 참기름 1숟가락
- ☐ 다진 대파 1숟가락
- ☐ 고춧가루 1/2숟가락
- ☐ 통깨 1숟가락
- ☐ 물 1숟가락

1. 쌀은 깨끗이 씻어 30분간 불린 후 체에 받쳐 물기를 제거해요.

대추는 돌려 깎고 채 썰어요.

2. 표고버섯, 당근, 애호박, 대추는 채 썰고, 밤은 2등분 해요. 느타리버섯은 길게 찢어요.

3. 소고기는 키친타월에 가볍게 눌러 핏물을 제거한 후 맛술, 후추로 밑간을 해요.

4. 밥솥에 불린 쌀, 손질한 버섯과 채소, 소고기를 넣고 물 2종이컵을 부어 일반 밥 취사로 밥을 지어요.

5. 밥이 지어지는 동안 **양념장 재료**를 섞어 양념장을 만들어요.

6. 취사가 끝나면 주걱으로 고루 저어 그릇에 담고 양념장을 곁들여 완성해요.

든든하게 몸보신!
모시조개 현미죽

감칠맛 나는 뽀얀 국물을 내는 모시조개를 그대로 담은 영양죽이에요. 흰쌀 대신 현미를 사용해 구수한 맛을 더했답니다.

만|드|는|법

 2인분

 60분

해감 안 된 조개는 물 1ℓ, 소금 1숟가락 비율의 소금물에 넣고 포일로 덮어 1시간 이상 해감하세요.

현미는 1시간 정도 미리 불리고, 해감된 모시조개는 깨끗이 씻어 준비해요.

냄비에 해감 된 모시조개와 물 8종이컵을 넣어 삶고 조개가 입을 벌리면 살과 육수를 따로 분리해요.

달군 냄비에 참기름을 두르고 다진 양파, 모시조갯살, 현미를 넣고 중불로 2분간 볶다가 조개육수 2종이컵을 넣고 끓여요.

바닥에 눌어붙지 않도록 저어가며 끓여요.

끓기 시작하면 현미가 잘 퍼질 수 있도록 육수를 추가로 넣어가며 약불에서 15분 ~20분간 끓여요.

기호에 맞춰 간장이나 소금으로 간을 맞춰요.

그릇에 담은 뒤 송송 썬 쪽파를 뿌려 완성해요.

 재료

- ☐ 찰현미 1+1/2종이컵
- ☐ 모시조개 1팩(300g)
- ☐ 참기름 1숟가락
- ☐ 다진 양파 3숟가락
- ☐ 송송 썬 쪽파 약간
- ☐ 소금 약간

그래, 이 맛이야!
시래기밥

입맛 없을 때 푹 삶은 시래기를 듬뿍 올린 구수한 시래기밥을 만들어 보세요.
달래간장을 곁들여 슥슥 비벼 먹으면 잃었던 입맛도 돌아오게 하는 별미 밥이 된답니다.

2인분

40분

쌀은 깨끗이 씻어 30분간 불린 후 체에 밭쳐 물기를 제거해요.

말린 시래기를 사용할 경우 하루 정도 불린 후 삶아서 사용해요.

삶은 시래기는 줄기의 겉껍질을 벗겨 먹기 좋은 크기로 썰어요.

볼에 시래기와 들기름, 국간장을 넣고 버무려 밑간해요.

밥솥에 불린 쌀과 시래기를 올리고 물 2종이컵을 부어 일반 밥 취사로 밥을 지어요.

재료

□ 삶은 시래기 한 줌(200g)
□ 쌀 2종이컵
□ 들기름 2숟가락
□ 국간장 1숟가락

달래간장 재료
□ 달래 한 줌
□ 간장 1/2종이컵
□ 물 1숟가락
□ 다진 마늘 1/2숟가락
□ 고춧가루 1/2숟가락
□ 참기름 1/2숟가락
□ 통깨 1/2숟가락

달래가 없을 때는 부추나 쪽파를 넣어도 좋아요.

달래를 송송 썰고 나머지 **달래간장 재료**와 함께 섞어 달래간장을 만들어요.

취사가 끝나면 주걱으로 고루 젓고 달래간장을 곁들여 완성해요.

한 번만 먹어본 사람은 없다는
감자옹심이

담백한 감자의 맛이 그대로 살아있는 한 그릇 요리예요. 감자를 강판에 갈아야 하는 번거로움이 있지만 정성이 들어간 만큼 쫀득하고 사각사각한 식감을 그대로 느낄 수 있는 별미 요리랍니다.

★★★
건강한
한 그릇
4위

2인분

50분

강판에 갈면
감자의 식감을
살릴 수 있어요.

①

감자는 껍질을 벗기고 믹서기 또는 강판
에 갈아요.

②

갈아 놓은 감자는 면보를 깔아둔 채반에
부어 물기를 꼭 짜요. 감자에서 나온 물
은 10분간 그대로 둬서 전분을 가라앉힌
후 물을 따라 감자전분만 남겨요.

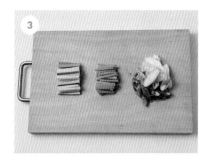

③

애호박, 당근은 채 썰고, 대파는 어슷 썰
어요.

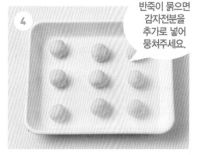

반죽이 묽으면
감자전분을
추가로 넣어
뭉쳐주세요.

④

가라앉은 전분과 물기를 짜낸 감자를 섞은
후 감자옹심이 반죽을 동그랗게 빚어요.

재료

☐ 감자 5개
☐ 애호박 1/3개
☐ 대파 1대
☐ 당근 1/5개
☐ 멸치육수 5종이컵
☐ 다진 마늘 1/2큰술
☐ 국간장 1큰술
☐ 소금 약간

선택 재료

☐ 들깻가루 약간

⑤

냄비에 멸치육수를 넣고 끓어오르면 옹
심이를 넣고 중불로 한소끔 끓여요.

기호에 따라
들깻가루를 넣어도
좋아요.

⑥

옹심이가 떠오르면 애호박, 당근, 대파,
다진 마늘을 넣고 국간장과 소금으로 간
을 해요.

은 먹부림 데이!

바지락비빔밥

쫄깃한 바지락살을 듬뿍 넣어 향긋한 부추 양념장과 쓱쓱 비벼 먹으면 잃었던 입맛도 돌아와요.
씹을수록 느껴지는 감칠맛이 매력적인 별미 비빔밥이랍니다.

2인분

30분

청주를 넣으면 비린내를 제거할 수 있어요.

끓는 물에 소금, 청주를 넣은 뒤 바지락을 넣고 삶아요.

바지락이 입을 벌리면 건져 살을 발라내요.

양파는 채 썰고, 상추와 부추는 송송 썰어요.

볼에 준비한 부추와 나머지 **양념장 재료**를 넣고 양념장을 만들어요.

재료

□ 바지락 500g
□ 소금 1숟가락
□ 청주 1숟가락
□ 청상추 6장
□ 양파 1/2개
□ 밥 2공기

양념장 재료
□ 부추 1/2줌(50g)
□ 간장 3숟가락
□ 고춧가루 1/2숟가락
□ 설탕 1/2숟가락
□ 다진 마늘 1/2숟가락
□ 참기름 1숟가락
□ 깨소금 1/4숟가락

그릇에 밥을 담은 후 양파, 상추, 삶은 바지락을 올리고 양념장을 곁들여 완성해요.

소박한 힐링푸드
소고기 무밥

겨울철 달큰한 무로 감칠맛 나는 한 그릇 밥요리를 만들어 보세요.
소고기를 함께 넣어주면 영양 궁합도 딱 좋은 영양밥이 완성된답니다.

2인분

 60분

 재료

- ☐ 쌀 2종이컵
- ☐ 무 1/5개
- ☐ 소고기 다짐육 1종이컵

소고기양념 재료

- ☐ 간장 1숟가락
- ☐ 설탕 1/2숟가락
- ☐ 다진 마늘 1/2숟가락
- ☐ 참기름 1/2숟가락
- ☐ 후추 약간

양념장 재료

- ☐ 간장 6큰술
- ☐ 설탕 1큰술
- ☐ 깨소금 2큰술
- ☐ 다진 마늘 1/2큰술
- ☐ 고춧가루 1큰술
- ☐ 다진 파 4큰술
- ☐ 참기름 1큰술

1 쌀은 깨끗이 씻어 30분 불린 후 체에 밭쳐 물기를 제거해요.

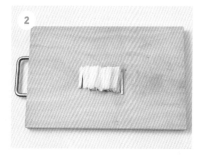

2 무는 3mm 두께로 길게 채 썰어요.

소고기 다짐육은 키친타월에 핏물을 제거한 후 사용해요.

3 볼에 소고기 다짐육, **소고기양념 재료**를 섞어 밑간을 해요.

무에서 수분이 나오기 때문에 일반 밥보다 물을 적게 넣어요.

4 밥솥에 불린 쌀, 무, 소고기 순으로 넣고 물 1+1/2종이컵을 부어 일반 취사로 밥을 지어요.

5 밥이 지어지는 동안 볼에 **양념장 재료**를 섞어 양념장을 만들어요.

6 취사가 끝나면 주걱으로 고루 저은 후 그릇에 담고 양념장을 곁들여 완성해요.

두부 들깨죽

고소한 향이 좋은 들깨와 두부를 넣어 끓인 담백하고 고소한 죽이에요. 자극적이지 않아 속이 편안해지는 건강한 한 그릇 요리랍니다.

2인분

 40분

쌀은 깨끗이 씻고 30분 불린 후 체에 밭쳐 물기를 제거해요.

양파, 새송이버섯은 잘게 다져요.

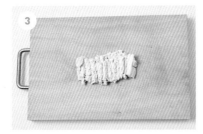
두부는 키친타월로 눌러 물기를 제거하고 칼등으로 으깨요.

달군 냄비에 들기름을 두르고 양파, 새송이버섯을 중약불에서 1분간 볶아요.

양파가 투명해지면 쌀, 두부, 물 5종이컵을 넣고 센 불에서 3분간 끓여요.

쌀알이 덜 퍼졌을 경우 중간중간 물을 보충하며 끓여주세요.

끓어오르면 중약불로 낮춰 쌀알이 퍼질 때까지 저어가며 끓여요.

 재료

□ 쌀 1종이컵
□ 두부 1/2모
□ 양파 1/2개
□ 새송이버섯 1개
□ 거피 낸 들깻가루 2숟가락
□ 간장 1/2숟가락
□ 들기름 약간
□ 소금 약간

기호에 맞춰 소금으로 간을 맞춰요.

밥물이 잦아들고 쌀이 충분히 퍼지면 간장 1/2숟가락과 거피 들깻가루를 넣어 완성해요.

바다 향기 물씬
매생이 굴떡국

겨울철에 맛 볼 수 있는 별미. 매생이와 굴을 넣은 떡국 한 그릇 어떠세요? 호로록 부드럽게 넘어가는 매생이와 탱글한 굴이 들어가 바다 내음 가득한 건강 떡국이에요.

★★★
건강한
한 그릇
8위

2인분

 30분

1. 떡국떡은 찬물에 10분간 담근 후 체에 밭쳐 물기를 제거해요.

굴 껍데기가 있을 수 있으니 확인하며 씻어 주세요.

2. 매생이와 굴은 옅은 소금물에 흔들어 각각 씻어 물기를 제거해요.

3. 냄비에 멸치육수를 끓여 떡국떡을 넣고 중불에서 끓여요.

4. 떡이 떠오르기 시작하면 매생이, 굴을 넣고 중불에서 끓여요.

5. 굴이 익으면 다진 마늘, 국간장으로 간을 맞춰 완성해요.

 재료

- ☐ 떡국떡 2종이컵
- ☐ 매생이 1종이컵
- ☐ 굴 1종이컵
- ☐ 멸치육수 5컵
- ☐ 다진 마늘 약간
- ☐ 국간장 약간
- ☐ 소금 약간

구수한 별미 보양식
누룽지 삼계죽

여름철 보양식으로 빠질 수 없는 삼계탕! 닭살만 발라낸 뒤 고소한 누룽지를 더해 삼계죽을 만들어 보세요.
조금은 특별한 든든 건강식으로 딱 좋아요.

2인분

 60분

닭의 겉부분은
굵은 소금으로 문질러가며
씻어야 남아있는 불순물이
깨끗이 씻겨 나가요.

닭은 깨끗이 씻고 꼬리, 날개 끝을 잘라
내요.

삶기용 대파 2대는 5cm 길이로 썰고,
1/2대는 송송 썰어요.

닭이 충분히 잠길 수
있을 정도로 물을 붓고,
중간에 떠오르는 거품은
걷어가며 삶아주세요.

냄비에 닭, **삶기 재료**를 넣고 센 불로 끓
이다가 끓기 시작하면 중불로 줄여 40분
간 삶아요.

삶기 재료와 닭은 건져내고 찹쌀누룽지
를 넣어 중불로 10분간 끓여요.

 재료

☐ 백숙용 닭 1마리(1kg 이내)
☐ 찹쌀누룽지 2종이컵
☐ 대파 1/2대
☐ 소금 약간
☐ 후추 약간

삶기 재료

☐ 마늘 7톨
☐ 대파 2대
☐ 삼계탕용 약재 1봉
☐ 대추 3개
☐ 물 적당히

누룽지를 끓이는 동안 건져낸 닭은 살만
발라 찢어요.

기호에 맞춰
소금, 후추로
간을 맞춰요.

누룽지가 퍼지면 닭살코기, 송송 썬 대파
를 넣고 한소끔 끓여 완성해요.

매일 먹어도 질리지 않는 국

달걀국

2인분

20분

만|드|는|법

☐ 달걀 3개
☐ 소금 약간
☐ 대파 1/2대
☐ 국간장 1/2숟가락
☐ 후추 약간
☐ 다시마(10×10cm) 1장

1 대파는 송송 썰고, 달걀은 소금 2꼬집을 넣어 잘 풀어요.

2 냄비에 찬물 5종이컵, 다시마를 넣고 끓으면 다시마는 건져요.

3 육수가 팔팔 끓으면 약불로 맞춰 풀어둔 달걀을 원을 그리듯이 조금씩 천천히 넣어요.

　불의 세기를 강하게 하거나, 달걀을 한꺼번에 넣지 않도록 주의하세요.

4 약불로 1~2분간 끓인 다음 국간장, 대파, 후추를 넣고 한소끔 끓여 완성해요.

　간을 맞출 때는 마구 젓지 않고 바닥까지 2~3번만 크게 저어요.

콩나물국

2인분

30분

만│드│는│법

□ 콩나물 1/2봉(150g)
□ 소금 1/2숟가락
□ 다진 마늘 1/2숟가락
□ 국간장 1/2숟가락
□ 대파 1/2대

1 냄비에 물 5종이컵, 콩나물을 넣고 뚜껑을 닫은 채로 3~4분간 끓여요.
  물 대신 다시마육수, 멸치육수를 사용하면 더 맛있어요.

2 팔팔 끓으면 중불로 10분간 끓여요.
  뚜껑을 열었다 닫으면 콩 비린내가 날 수 있으니 중간에 열었다면 닫지 말고 계속 뚜껑을 열고
  끓여요.

3 끓는 동안 대파는 송송 썰어요.

4 다진 마늘, 국간장, 소금, 대파를 넣고 한소끔 끓여 완성해요.

7

솥밥
요리

뜨끈한 솥밥으로 온가족 입맛을 사로잡아 보세요. 갓 지은 솥밥은 밥만 먹어도 맛있답니다.
충분히 근사한 한 끼, 솥밥으로 만들면 어렵지 않아요.

온가족 사로잡는 맛!
전복솥밥

밥만 먹어도 기력 보충!
전복의 내장을 쌀과 함께 볶아 영양과 향을 그대로 담은 솥밥이에요.
양념장을 곁들여 먹어도 좋아요.

★★★
솥밥
요리
1위

2인분

 30분

쇠숟가락으로
떼어내면 잘 분리가
돼요.

① 전복은 껍데기와 내장을 분리하고 이빨을 제거해요.

② 전복의 살은 벌집모양으로 칼집을 내고 내장은 다져요.

③ 달군 냄비에 들기름을 두른 다음 불린 쌀, 내장을 넣고 중약불로 2분간 볶아요.

④ 물 1+1/2종이컵을 넣고 강불로 3분간 끓여요.

⑤ 끓기 시작하면 뚜껑을 닫고 중불에서 10분간 끓여요.

⑥ 칼집 낸 전복을 위에 얹고 뚜껑을 닫아 약불로 3분, 불을 끈 다음 5분간 뜸을 들여 완성해요.

 재료

☐ 불린 쌀 1+1/2종이컵
☐ 전복 3마리
☐ 들기름 1숟가락

오늘은 내가 먹방 요정
초당옥수수 치즈솥밥

단맛이 입안 가득 톡톡 터지는 옥수수 알갱이와 짭짤하고 고소한 치즈가 환상조합을 이루는 솥밥이에요.
옥수수 알갱이를 떼어내고 남은 심지는 버리지 않고 밥을 지을 때 함께 넣으면 옥수수의 풍미와 단맛을 더 진하게 느낄 수 있답니다.

2인분

 30분

> 알갱이가 분리되지 않게 잘라요.

초당옥수수를 세워 알갱이 부분을 길게 잘라요.

달군 팬에 버터를 녹이고 옥수수를 구워요.

> 옥수수수염차 대신, 물을 넣어도 괜찮아요.

냄비에 불린 쌀을 넣고 옥수수수염차를 부은 다음 옥수수심지를 얹어요.

뚜껑을 닫고 센 불에서 3분, 중불로 10분간 끓여요.

구운 옥수수, 크림치즈를 얹어 뚜껑을 닫고 약불로 3분, 불을 끈 다음 5분간 뜸을 들여 완성해요.

 재료

- ☐ 초당옥수수 1개
- ☐ 불린 쌀 1+1/2종이컵
- ☐ 옥수수수염차 1종이컵
- ☐ 크림치즈 2숟가락
- ☐ 버터 2숟가락

속을 든든하게 채워주는
뿌리채소솥밥

영양 가득한 뿌리채소를 듬뿍 담은 솥밥이에요.
뿌리채소를 간장으로 살짝 양념한 후 밥을 지어서 다른 양념이 없어도 짭짤하게 간이 배어 있답니다.

2인분

 40분

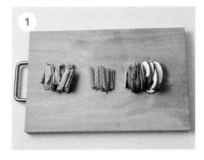

우엉, 당근은 5×1cm 크기에 0.2cm 두께로 썰고, 표고버섯은 모양 그대로 얇게 썰어요.

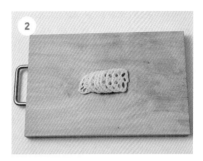

연근은 0.5cm 두께로 썰어요.

달군 냄비에 들기름을 두르고 우엉, 당근, 표고버섯을 중불에서 1분간 볶다가 **양념 재료**를 넣고 볶아요.

물 대신 다시마육수를 넣어도 좋아요.

불린 쌀을 넣고 가볍게 볶은 후 연근을 위에 올려 물 1+1/2종이컵을 넣고 뚜껑을 닫아 중불에서 12분간 끓여요.

 재료

□ 불린 쌀 1+1/2종이컵
□ 당근 1/4개
□ 우엉 1/2대
□ 연근 1/4개
□ 표고버섯 2개
□ 들기름 2숟가락

양념 재료
□ 간장 1숟가락
□ 설탕 1/2숟가락

밥물이 잦아들면 약불로 3분, 불을 끈 다음 5분간 뜸을 들여 완성해요.

럭셔리 퓨전 솥밥
연어솥밥

한 그릇만 먹어도 든든해지는 연어솥밥으로 특별한 한 끼를 만들어 보세요.
향긋한 미나리까지 더해 맛과 향을 모두 담았답니다.

솥밥
요리
4위

만 | 드 | 는 | 법

2인분

30분

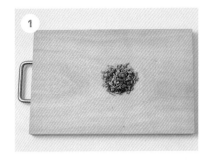

미나리는 잎을 떼어내고 줄기부분만 송송 썰어요.

생연어는 소금, 후추로 밑간을 해요.

달군 팬에 식용유를 두르고 연어를 겉면만 바삭하게 앞뒤로 구워요.

냄비에 불린 쌀, 다시마, 물 1+1/2종이컵을 넣고 센 불로 끓여요.

 재료

☐ 생연어 스테이크용 1팩(250g)
☐ 미나리 1줌
☐ 불린 쌀 1+1/2종이컵
☐ 다시마(10×10cm) 2장
☐ 청주 2숟가락
☐ 소금 약간
☐ 후추 약간
☐ 식용유 3숟가락

끓기 시작하면 구운 연어, 청주를 넣고 알코올을 1분간 날린 후 뚜껑을 닫고 중불에서 10분, 약불에서 3분간 끓여요.

불을 끄고 미나리를 올린 다음 뚜껑을 닫고 5분간 뜸을 들여 완성해요.

★★★
솥밥
요리
5위

뜨끈한 솥밥으로 입맛 무장해제!
소고기김치 콩나물솥밥

갓 지은 솥밥은 밥만 먹어도 맛있잖아요. 여기에 약간의 재료들을 곁들이면 반찬 없이도 한 그릇 뚝딱! 하게 되는 일품요리가 완성돼요.
저렴하고 구하기 쉬운 콩나물에 잘 익은 김치, 그리고 약간의 소고기를 더하면 영양은 물론 맛도 좋은 솥밥을 즐길 수 있어요.

2인분

 30분

1. 김치는 송송 썰어 **김치양념 재료**를 넣고 밑간을 해요.

2. 소고기는 참기름, 소금, 후추로 밑간을 해요.

콩나물에서 수분이 나오기 때문에 일반 밥보다 물을 적게 넣어요.

3. 냄비에 불린 쌀, 콩나물, 김치, 소고기 순으로 넣고 물 1종이컵을 부어 뚜껑을 닫고 센 불에서 3분간 끓여요.

4. 중불에서 10분 익힌 후 약불로 3분, 불을 끈 다음 5분간 뜸을 들여 완성해요.

 재료

- □ 불린 쌀 1+1/2종이컵
- □ 소고기(잡채용) 1/4팩(100g)
- □ 익은 배추김치 1종이컵
- □ 콩나물 1/2봉(150g)
- □ 소금 약간
- □ 후추 약간
- □ 참기름 1/2숟가락

김치양념 재료
- □ 참기름 1숟가락
- □ 설탕 약간

근사한 한 끼 대령이오
홍합솥밥

바다 내음 물씬 나는 홍합솥밥이에요. 뽀얗고 시원한 국물이 우러나는 홍합은 국물요리로 많이 먹는데요.
오동통 쫄깃한 홍합살로 밥을 지어도 맛있답니다.

만 | 드 | 는 | 법

 2인분

 30분

1 생홍합살은 옅은 소금물에 헹구고 촉사를 제거해요.

2 표고버섯은 모양대로 얇게 썰고, 쪽파는 송송 썰어요.

3 냄비에 불린 쌀, 홍합, 표고버섯 순으로 얹은 뒤 물 1종이컵을 넣고 뚜껑을 닫아 센 불에서 3분간 끓여요.

4 중불에서 10분, 약불로 3분간 뚜껑을 닫고 끓여요.

 재료

- ☐ 생홍합살 1팩(150g)
- ☐ 불린 쌀 1+1/2종이컵
- ☐ 표고버섯 2개
- ☐ 쪽파 4줄

양념장 재료
- ☐ 간장 2숟가락
- ☐ 설탕 1/2숟가락
- ☐ 고춧가루 1숟가락
- ☐ 참기름 1숟가락
- ☐ 다진마늘 약간
- ☐ 송송 썬 쪽파 1숟가락

5 불을 끈 다음 5분간 뜸 들인 후 송송 썬 쪽파를 얹어요.

6 밥을 짓는 동안 **양념장 재료**를 섞어 양념장을 만들어요.

7 갓 지어진 밥은 주걱으로 고루 젓고 양념장을 곁들여 완성해요.

쫄깃함이 예술!
문어 무솥밥

기력회복이 필요한 날! 보양 솥밥을 만들어 보세요. 쫄깃한 식감의 문어가 올라간 솥밥은 꽤 근사한 한 끼로,
손님상에 올려도 손색 없답니다. 무를 넣고 함께 밥을 지으면 부드러운 맛이 더해져 소화에도 도움이 돼요.

2인분

 40분

문어다리는 빨판에 칼집을 촘촘히 내고,
무는 1cm 두께로 채 썰어요.

칼집 낸 문어는 소금, 참기름으로 밑간을
해요.

냄비에 불린 쌀, 무, 물 1종이컵을 넣고
뚜껑을 닫아 센 불로 3분, 중불로 10분간
끓여요.

문어다리를 얹고 뚜껑을 닫은 후 약불에
서 3분, 불을 끈 다음 5분간 뜸을 들여요.

 재료

□ 자숙 문어다리 2개
□ 무 1조각
□ 불린 쌀 1+1/2종이컵
□ 소금 1/4숟가락
□ 참기름 1/2숟가락

양념장 재료
□ 간장 3숟가락
□ 다진 마늘 1숟가락
□ 다진 양파 4숟가락
□ 다진 홍고추 1개
□ 다진 청고추 1개
□ 참기름 1숟가락
□ 깨 1/2 숟가락

밥을 짓는 동안 **양념장 재료**를 섞어 양념
장을 만들어요.

갓 지어진 밥은 주걱으로 고루 젓고 양념
장을 곁들여 완성해요.

솥밥
요리
8위

화제의 그 요리
스테이크솥밥

고기와 밥을 모두 포기 못 한다면 스테이크솥밥으로 한 번에 해결하세요. 노릇하게 튀긴 마늘칩을 듬뿍 올려 느끼함을 잡았어요.

2인분

 40분

소고기에 **밑간 재료**를 고루 발라 10분간 재워요.

마늘은 얇게 썰고, 쪽파는 송송 썰어요.

팬에 식용유를 두르고 약불에서 마늘을 튀겨 마늘칩을 만들어요.

> 열이 고루 전달될 수 있도록 래스팅 후 썰어야 핏물이 나오지 않아요.

마늘을 튀겨낸 기름은 2~3숟가락만 남기고 덜어낸 다음 소고기를 올려 앞뒤로 노릇하게 구워 쿠킹포일로 5분간 감싸요.

 재료

☐ 소고기 등심(스테이크용
    2~3cm 두께) 1팩(300g)
☐ 밥 2공기
☐ 마늘 10톨
☐ 식용유 1/3종이컵
☐ 쪽파 5줄
☐ 버터 2숟가락

밑간 재료

☐ 소금 1/4숟가락
☐ 후추 약간
☐ 올리브유 3숟가락

냄비에 마늘 튀겨낸 기름 3숟가락, 버터를 넣고 녹인 후 밥을 넣은 뒤 중불에서 볶아 버터 볶음밥을 만들어요.

래스팅한 스테이크는 1cm 두께로 썰어요.

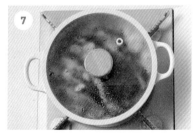

5 위에 스테이크, 송송 썬 쪽파, 마늘칩을 얹은 후 약불에서 5분간 데워 완성해요.

요즘 엄청 핫해
대패삼겹살솥밥

대패삼겹살, 구워 먹지 말고 솥밥으로 즐겨 보세요. 짭짤한 쌈장을 밥물에 섞어 쌀알 속까지 맛이 제대로 배어들어 있어요.
따로 양념장 필요 없이 밥만 먹어도 맛있는 솥밥이에요.

2인분

 30분

1 대패삼겹살은 후추를 뿌려 밑간을 해요.

2 물 2종이컵에 쌈장을 고루 풀어 준비해요.

3 냄비에 불린 쌀, 쌈장물을 넣고 센 불에서 3분간 끓여요.

4 끓기 시작하면 대패삼겹살, 청주를 넣고 1분간 알코올을 날려요.

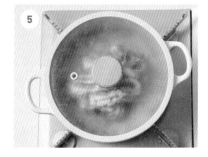

5 뚜껑을 닫아 중불로 10분, 약불로 5분간 익힌 다음 불 끄고 5분간 뜸을 들여 완성해요.

 재료

- □ 대패삼겹살 1/2팩(250g)
- □ 불린 쌀 2종이컵
- □ 쌈장 4숟가락
- □ 청주 1숟가락
- □ 후추 약간

솥밥
요리
10위

여심을 사로잡는 그 맛
명란솥밥

명란젓에 참기름 한 방울 톡! 하고 떨어뜨려 먹으면 밥도둑이 따로 없죠. 명란젓으로 솥밥을 만들어 특별한 한 끼를 즐겨 보세요.
명란의 감칠맛이 솥밥에 쏘옥 베어들어 반찬 없이도 한 그릇 뚝딱!

2인분

 30분

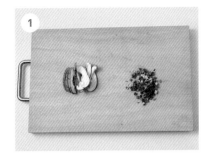

1 표고버섯은 모양대로 얇게 썰고, 쪽파는 송송 썰어요.

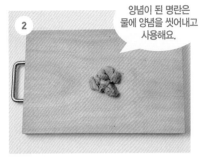

2 양념이 된 명란은 물에 양념을 씻어내고 사용해요.

명란은 한입 크기로 썰어 준비해요.

3 냄비에 불린 쌀, 물 1+1/2종이컵, 다시마를 넣고 뚜껑을 닫아 센 불에서 3분간 끓여요.

4 끓기 시작하면 중불에서 10분간 끓여요.

 재료

☐ 저염 백명란 2개
☐ 불린 쌀 1+1/2종이컵
☐ 표고버섯 2개
☐ 쪽파 3줄
☐ 다시마(10x10cm) 2장
☐ 달걀노른자 2개

5 표고버섯, 명란을 올리고 뚜껑을 닫아 약불에서 3분, 불을 끈 다음 5분간 뜸을 들여요.

6 지어진 밥에 송송 썬 쪽파, 노른자를 올려 완성해요.

미역으로 만드는 간단 국

두부미역장국

2인분

20분

만 | 드 | 는 | 법

□ 두부 1/4모
□ 마른 미역 10g
□ 된장 1숟가락
□ 팽이버섯 1/4봉
□ 국간장 1/2숟가락
□ 소금 약간
□ 다진 마늘 1/2숟가락

1 미역은 찬물에 10분간 불려요.

2 팽이버섯, 두부는 1cm 두께로 썰어요.

3 냄비에 물 5종이컵을 넣고 끓기 시작하면 된장을 체에 밭쳐 풀어요.

4 끓기 시작하면 불린 미역, 국간장, 소금, 다진 마늘을 넣고 중불에서 10분간 끓여요.

5 팽이버섯, 두부를 넣고 한소끔 끓여 완성해요.

조개맑은미역국

2인분

30분

만 | 드 | 는 | 법

□ 마른 미역 10g
□ 모시조개 1팩(300g)
□ 다진 마늘 1/2숟가락
□ 멸치액젓 2숟가락

1 미역은 찬물에 10분간 불려 물기를 제거해요.

2 냄비에 물 8종이컵을 넣고 끓기 시작하면 불린 미역을 넣고 중불에서 5분간 끓여요.
물 대신 멸치육수를 넣고 끓이면 더 맛있어요.

3 모시조개를 넣고 조개 입이 벌어질 때까지 끓여요.

4 다진 마늘, 멸치액젓을 넣고 간을 맞춰 완성해요.
멸치액젓 대신 국간장을 넣어도 돼요.

211

Part 2
한 그릇
면요리

바쁠 때 후다닥 삶아 뚝딱 만드는 간단 면요리부터, 색다른 별미 면요리까지 각종
인기 면요리 레시피를 가득 담았어요. 후루룩~ 한 그릇의 행복을 만끽하세요.

8

간단 면요리

여름엔 보기만 해도 침이 꼴깍 넘어가는 비빔국수, 술이 술술 들어가는 날에는 볶음우동이
제격이지요. 탱글탱글 면발이 살아있는 한 그릇이면 하루가 행복해진답니다. 오늘도 호로록~
소리까지 맛있는 이색 면요리 즐겨보세요.

탱글탱글 면발이 살아있는
골동면

슴슴한 간장양념을 넣고 비벼먹는 골동면 한 그릇 어떠세요? 매콤한 양념을 잘 못 먹는 아이들도 좋아하는 면 요리예요.

2인분

 40분

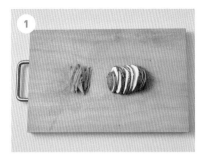

① 당근은 곱게 채 썰고, 표고버섯은 모양대로 얇게 썰어요.

② 달걀 흰자, 노른자를 분리해 소금 한 꼬집씩 넣고 황·백 지단을 부쳐 곱게 채 썰어요.

③ **양념장 재료**를 섞은 뒤 소고기에는 1/2분량, 표고버섯에는 1숟가락을 넣고 각각 양념을 해요.

④ 팬에 식용유를 두르고 당근, 표고버섯, 소고기 순으로 각각 볶아 한 김 식혀요.

재료

- □ 소면 2인분(200g)
- □ 소고기(잡채용) 1/2팩(200g)
- □ 당근 1/6개
- □ 달걀 1개
- □ 표고버섯 1개
- □ 소금 약간
- □ 식용유 약간

양념장 재료
- □ 간장 3숟가락
- □ 설탕 1숟가락
- □ 다진 마늘 1/2숟가락
- □ 다진 대파 약간
- □ 후추 약간
- □ 참기름 1/2숟가락
- □ 깨 약간

거품이 올라오면 찬물을 1/2종이컵 2번 넣고 삶아야 면이 탱탱해져요.

⑤ 끓는 물에 소면을 삶은 후 찬물로 여러 번 헹궈 물기를 제거해요.

⑥ 남은 양념장에 소면을 비벼 그릇에 담고 준비한 고명을 함께 올려 완성해요.

보기만 해도 침샘 폭발!
비빔국수

입맛 없을 때 매콤, 달콤, 새콤한 비빔국수를 만들어 보세요.
잘 익은 김치가 있다면 송송 썰어 양념장과 함께 버무려
올려도 좋아요.

★★★
간단
면요리
2위

2인분

 30분

1

양파, 오이, 깻잎, 쌈무는 채 썰어요.

2

거품이 올라오면 찬물 1/2종이컵을 2번 넣고 삶아야 면이 탱탱해져요.

끓는 물에 소면을 삶은 후 찬물로 여러 번 헹궈 물기를 제거해요.

3

볼에 **양념장 재료**를 넣고 섞어 양념장을 만들어요.

4

양념장에 삶은 소면, 양파, 오이를 넣고 버무려요.

5

그릇에 비빔국수를 담고 깻잎, 쌈무를 올려 완성해요.

 재료

☐ 소면 2인분(200g)
☐ 오이 1/4개
☐ 깻잎 2장
☐ 쌈무 3장
☐ 양파 1/4개

양념장 재료
☐ 고추장 2숟가락
☐ 고춧가루 1숟가락
☐ 설탕 2숟가락
☐ 간장 2숟가락
☐ 식초 2숟가락
☐ 참기름 1숟가락
☐ 깨소금 1숟가락

고소한 여름 별미!
흑임자두부콩국수

한여름 시원하고 고소한 콩국수 한 그릇이면 더위도 싹~ 날아가버리죠. 콩을 불려 갈 필요 없이 두유와 두부를 이용해 간편하게 콩국물을 만들 수 있어요. 거기에 검은깨를 더하면 한층 더 고소한 흑임자두부콩국수를 만들 수 있답니다.

만 | 드 | 는 | 법

 2인분

 20분

오이는 채 썰고, 방울토마토는 반으로 썰어요.

믹서기에 검은깨를 먼저 간 후 두부, 두유를 넣고 곱게 갈아요.

거품이 올라오면 찬물 1/2종이컵을 2번 넣고 삶아야 면이 탱탱해져요.

끓는 물에 중면을 삶은 후 찬물로 여러 번 헹궈 물기를 제거해요.

그릇에 삶은 면을 담고, 콩국물을 부은 다음 오이, 방울토마토를 올리고 검은깨를 뿌려 완성해요.

 재료

□ 중면 2인분(260g)
□ 오이 1/2개
□ 방울 토마토 3개

콩국물 재료
□ 두유 1ℓ
□ 두부 1모
□ 검은깨 약간

가슴속까지 시원해
냉우동

살얼음 동동 띄운 시원한 냉우동 한 그릇이면 한여름 더위도 안녕!
바삭한 튀김을 올려 먹으면 더욱 맛있어요.

★★★
간단
면요리
4위

2인분

 30분

1. 냄비에 가쓰오부시를 제외한 **쯔유 재료**를 넣고 중불에서 10분간 끓여요.

2. 불을 끄고 가쓰오부시를 넣어 5분간 우린 후 고운체에 걸러 쯔유를 만들어요.

기호에 맞춰 쯔유와 설탕의 양을 조절해서 넣어주세요.

3. 쯔유 1종이컵에 설탕 1숟가락 비율로 섞어요.

4. 쪽파는 송송 썰어요.

 재료

- □ 우동사리 2인분(420g)
- □ 김가루 2숟가락
- □ 쪽파 4줄
- □ 얼음 4종이컵
- □ 설탕 1숟가락

쯔유 재료

- □ 다시마육수 1종이컵
- □ 간장 1/2종이컵
- □ 맛술 3숟가락
- □ 양파 1/4개
- □ 대파 1대
- □ 후추 5알
- □ 가쓰오부시 한 줌

5. 끓는 물에 우동사리를 2분간 삶고 체에 밭쳐 물기를 제거해요.

6. 식혀둔 쯔유에 얼음을 넣어 차갑게 만들어요.

7. 그릇에 삶은 우동사리를 담고, 차갑게 만든 쯔유를 부은 다음 김가루, 쪽파를 뿌려 완성해요.

술이 술술
볶음우동

뜨끈한 국물우동이 시원하게 속을 풀어주는 메뉴라면,
짭조름한 양념으로 볶아낸 볶음우동은 술안주, 야식으로 좋은 메뉴에요.
베이컨, 양배추 등 좋아하는 재료들을 추가해서 취향에 맞는
볶음우동을 만들어 보세요.

VOLUME. 79
SEO
AROU

★★★
간단
면요리
5위

2인분

30분

양파는 채 썰고, 대파, 청양고추는 송송 썰고, 청경채는 3~4등분 해요.

끓는 물에 우동사리를 2분간 삶고 체에 밭쳐 물기를 제거해요.

팬에 식용유를 두르고 대파, 양파를 볶아 향을 내요.

양파가 투명해지면 새우를 넣고 소금, 후추로 간을 맞춰가며 중불에서 2분간 볶아요.

재료

- ☐ 우동사리 2인분(420g)
- ☐ 탈각새우 6마리
- ☐ 청경채 2개
- ☐ 숙주 1줌(80g)
- ☐ 대파 1/3대
- ☐ 양파 1/2개
- ☐ 청양고추 2개
- ☐ 식용유 약간
- ☐ 소금 약간
- ☐ 후추 약간

소스 재료

- ☐ 간장 3숟가락
- ☐ 굴소스 3숟가락
- ☐ 올리고당 3숟가락
- ☐ 다진 마늘 1숟가락

새우가 70% 정도 익으면 삶은 우동사리, **소스 재료**를 넣고 볶아요.

가쓰오부시를 마지막에 뿌려도 좋아요.

국물이 잦아들면 청경채, 숙주, 청양고추를 넣고 센 불에서 2분간 빠르게 볶아 완성해요.

쫄면 마니아 다 모여!
쫄면

쫄깃한 면발과 새콤달콤한 소스가 어우러진 쫄면은 분식집에 가면 꼭 시켜먹는 메뉴죠.
아삭아삭 신선한 채소들과 함께 먹는 상큼한 쫄면을 간단하게 만들어 봐요.

만 | 드 | 는 | 법

 2인분

 30분

처음부터 뚜껑을 열고 삶거나, 닫고 삶으면 끓을 때까지 열지 않아야 콩비린내가 나지 않아요.

끓는 물에 콩나물을 넣고 센 불에서 3분 간 삶은 후 찬물에 헹궈 물기를 제거해요.

삶기 전에 가닥가닥 잘 떼어내어야 뭉치지 않아요.

끓는 물에 쫄면사리를 넣고 중불에서 3분 간 삶은 후 찬물에 헹궈 물기를 제거해요.

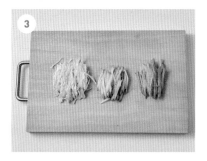

양배추, 오이, 당근은 곱게 채 썰어요.

볼에 **양념장 재료**를 모두 넣고 섞어 양념 장을 만들어요.

재료

- ☐ 쫄면사리 2인분(400g)
- ☐ 양배추 3장
- ☐ 오이 1/4개
- ☐ 당근 1/3개
- ☐ 콩나물 1/2봉(150g)
- ☐ 삶은 달걀 1개
- ☐ 참기름 약간

양념장 재료

- ☐ 고추장 4숟가락
- ☐ 고춧가루 2숟가락
- ☐ 식초 4숟가락
- ☐ 설탕 2숟가락
- ☐ 올리고당 1숟가락
- ☐ 간장 1숟가락
- ☐ 다진 마늘 1숟가락
- ☐ 참기름 1숟가락

그릇에 삶은 쫄면을 담고 양념장, 손질한 채소, 삶은 달걀을 얹은 다음 참기름을 둘러 완성해요.

고기와 면의 만남은 옳다
간장비빔쫄면

단짠 양념을 넣고 버무린 쫄면에 고기를 함께 곁들여 먹는
비빔쫄면 요리예요. 삼겹살 파티를 할 때는 쫄면만 준비해
사이드 메뉴로 즐겨 보세요.

간단
면요리
7위

2인분

 30분

1. 부추는 5~6cm 길이로 썰어요.

2. 끓는 물에 쫄면사리를 넣고 중불에서 3분
간 삶은 후 찬물에 헹궈 물기를 제거해요.

> 쫄면사리는 가닥가닥 잘 떼어내고 삶아야 뭉치지 않아요.

3. 달군 팬에 식용유를 두른 다음 대패삼겹
살을 넣고 소금, 후추로 간을 맞춘 후 중
불에서 노릇하게 구워요.

4. 볼에 **부추무침 재료**를 섞은 후 부추를 넣
고 버무려요.

 재료

□ 쫄면사리 2인분(400g)
□ 대패삼겹살 1팩(300g)
□ 부추 1줌(100g)
□ 식용유 약간
□ 소금 약간
□ 후추 약간

부추무침양념 재료

□ 식초 2숟가락
□ 고춧가루 1숟가락
□ 설탕 1숟가락
□ 참기름 1숟가락

양념장 재료

□ 간장 3숟가락
□ 참기름 1숟가락
□ 설탕 1숟가락

5. 볼에 **양념장 재료**를 모두 넣고 섞어 양념
장을 만들어요.

6. 삶은 쫄면사리에 양념장을 넣고 비벼요.

7. 그릇에 간장비빔쫄면을 담고 구운 삼겹
살, 부추무침을 곁들여 완성해요.

굵직한 면발과 칼칼한 국물
버섯칼국수

시원하고 칼칼한 면요리가 먹고 싶을 때는 얼큰한 버섯칼국수가 딱이에요.
고추장과 된장을 풀어넣어 얼큰하고 구수한 맛이 살아있는 버섯칼국수 한 그릇이면 몸도 마음도 따뜻해진답니다.

만|드|는|법

 2인분

 30분

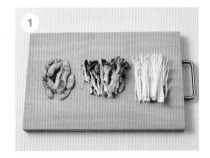

대파는 어슷썰고, 느타리버섯, 팽이버섯은 먹기 좋게 찢어요.

물 6종이컵을 담은 냄비에 고추장을 체에 밭쳐 고루 푼 다음, 나머지 **양념 재료**를 넣고 센 불로 끓여요.

> 칼국수의 전분을 충분히 털어내거나, 넣기 직전에 가볍게 헹궈 사용해주세요.

끓기 시작하면 칼국수면을 넣고 중불에서 끓이다가 칼국수면이 반투명해지면 버섯을 넣고 3분 더 끓여요.

> 기호에 따라 마지막에 소금간을 해주세요.

대파를 넣고 중불에서 1~2분간 끓여 완성해요.

 재료

- ☐ 칼국수면 2인분(400g)
- ☐ 느타리버섯 1/2팩(100g)
- ☐ 팽이버섯 1/2봉
- ☐ 대파 1/2대

양념 재료

- ☐ 고추장 2숟가락
- ☐ 고춧가루 1숟가락
- ☐ 국간장 1숟가락
- ☐ 물 2숟가락
- ☐ 다진 마늘 1/2숟가락
- ☐ 된장 1/2숟가락
- ☐ 후추 약간

매콤새콤한 마성의 맛
비빔칼국수

칼국수처럼 넓적한 면은 양념이 묻는 면적이 넓어 비빔면을 만들어도
좋아요. 양배추, 상추, 깻잎 등 다양한 채소를 고명으로 올려 푸짐한
비빔칼국수를 만들어 보세요.

간단
면요리
9위

2인분

 30분

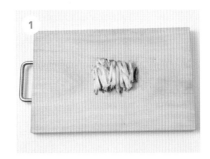

오이는 채 썰어요.

볼에 **양념장 재료**를 섞어 양념장을 만들어요.

면은 삶기 전에 전분을 털어내고 삶아요.

끓는 물에 칼국수면을 넣고 6분간 삶은 후 찬물에 여러 번 헹궈 물기를 제거해요.

삶은 칼국수면에 양념장을 넣고 비벼요.

 재료

□ 칼국수면 2인분(400g)
□ 오이 1/2개
□ 삶은 달걀 1개
□ 참기름 1/2숟가락

양념장 재료
□ 고추장 3숟가락
□ 간장 1/2숟가락
□ 고춧가루 1숟가락
□ 다진 마늘 1/2숟가락
□ 식초 2숟가락
□ 설탕 1숟가락
□ 올리고당 2숟가락
□ 통깨 약간

그릇에 비빔칼국수면을 담은 후 오이, 삶은 달걀을 얹고 참기름을 둘러 완성해요.

비장의 무기는 된장!
된장수제비

구수한 된장을 풀어 넣은 수제비예요. 멸치육수를 사용하면 훨씬
더 시원한 국물 맛을 느낄 수 있답니다. 수제비 반죽이 번거롭다면
시판 수제비를 사용하거나 만두피를 잘라 사용해도 좋아요.

★★★
간단
면요리
10위

2인분

30분

재료

- ☐ 멸치육수 6종이컵
- ☐ 애호박 1/3개
- ☐ 감자 1개
- ☐ 양파 1/3개
- ☐ 대파 1/2대
- ☐ 청양고추 1개
- ☐ 된장 3숟가락
- ☐ 후추 약간

반죽 재료
- ☐ 중력분 1종이컵
- ☐ 소금 약간
- ☐ 식용유 1숟가락
- ☐ 물 1/3종이컵

양념 재료
- ☐ 다진 마늘 1/2숟가락
- ☐ 고춧가루 1/2숟가락
- ☐ 국간장 1/2숟가락

1

물을 조금씩 넣어가며 젓가락으로 반죽을 하다가 뭉치기 시작하면 손으로 치대어 주세요.

볼에 **반죽 재료**를 넣고 손으로 충분히 치댄 다음 비닐에 씌워 냉장고에서 15분간 숙성시켜요.

2

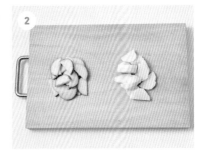

애호박은 반달모양으로 썰고, 감자도 비슷한 크기로 썰어요.

3

양파는 채 썰고 대파, 청양고추는 어슷 썰어요.

4

냄비에 분량의 멸치육수를 넣고 된장을 체에 밭쳐서 풀어 센 불에서 끓여요.

5

손에 찬물을 묻혀가며 반죽을 떼어내면 얇게 잘 떼어져요.

끓기 시작하면 감자를 넣고 수제비 반죽을 얇게 떼어 넣어요.

6

수제비가 하나씩 떠오르기 시작하면 애호박, 양파, **양념 재료**를 넣고 중불에서 5분간 끓여요. 수제비가 전부 익으면 대파, 청양고추를 넣고 후추를 뿌린 후 중불에서 1~2분간 끓여 완성해요.

사르르 녹는다 녹아
순두부국수

부드러운 순두부가 국수와 함께 호로록~ 부드럽게 넘어가는 게 별미인 면요리예요.
자극적이지 않아 아이들에게도 부담 없답니다. 취향에 맞게 양념장을 곁들여도 좋아요.

만 | 드 | 는 | 법

 2인분

15분

거품이 올라오면 찬물 1/2종이컵을 2번 넣고 삶아야 면이 탱탱해져요.

끓는 물에 소면을 삶아 찬물로 여러 번 헹궈 물기를 제거해요.

순두부 안쪽까지 따뜻해질 수 있도록 뭉근히 끓여요.

냄비에 멸치육수, 순두부, 국간장을 넣고 중약불에서 7~8분간 끓여요.

그릇에 소면을 담고 순두부와 육수를 부은 다음 김가루, 양념장을 얹어 완성해요.

 재료

□ 순두부 1봉
□ 소면 2인분(200g)
□ 멸치육수 5종이컵
□ 국간장 1/2숟가락
□ 김가루 약간

양념장 재료
□ 간장 3숟가락
□ 설탕 1숟가락
□ 물 1숟가락
□ 참기름 1숟가락
□ 다진 대파 1숟가락
□ 고춧가루 1/2숟가락
□ 통깨 1숟가락

칼칼하고 깔끔한 맛!
김치수제비

잘 익은 김치 하나만 있으면 다양한 요리를 만들 수 있죠. 김치로 맛을 낸 김치수제비는 칼칼한 국물 맛이 포인트랍니다.
육수에 김칫국물을 넣어 김치의 감칠맛을 그대로 살렸어요.

2인분

 30분

물을 조금씩 넣으며 젓가락으로 반죽하다 뭉치기 시작하면 손으로 치대요.

1

볼에 **반죽 재료**를 넣고 손으로 충분히 치 댄 다음 비닐로 씌워 냉장고에서 15분간 숙성시켜요.

김치소를 가볍게 털어 썰어주세요.

2

양파는 채 썰고, 대파는 어슷 썰고, 김치 는 3cm 폭으로 썰어요.

3

냄비에 멸치육수, 김치, 김칫국물을 넣고 중불에서 2분간 끓여요.

손에 찬물을 묻혀가며 반죽을 떼어내면 얇게 잘 떼어져요.

4

육수가 끓어오르면 수제비 반죽을 얇게 떼어 넣어요.

 재료

□ 멸치육수 6종이컵
□ 김치 1/2포기
□ 김칫국물 1/2종이컵
□ 양파 1/3개
□ 대파 1/2대
□ 국간장 1/2숟가락
□ 다진 마늘 1/2숟가락

반죽 재료
□ 중력분 1종이컵
□ 소금 약간
□ 식용유 1숟가락
□ 물 1/3종이컵

기호에 따라 소금으로 간을 맞춰요.

5

수제비가 떠오르면 양파, 국간장, 다진 마늘을 넣고 중약불에서 끓여요.

6

수제비가 전부 익으면 대파를 넣고 중불 에서 1~2분간 끓여 완성해요.

239

새콤달콤 시원한 냉국

오이미역냉국

2인분
15분

만 | 드 | 는 | 법

□ 마른 미역 10g
□ 오이 1/2개
□ 통깨 약간

밑국물 재료
□ 다진 마늘 1/4숟가락
□ 식초 5숟가락
□ 설탕 4숟가락
□ 소금 1/2숟가락
□ 국간장 1/2숟가락
□ 물 3+1/2종이컵

1 미역은 찬물에 10분간 불려요.

2 끓는 물에 불린 미역을 넣고 30초간 데친 후 찬물에 헹궈 물기를 제거해요.
   미역이 길다면 작게 잘라요.

3 오이는 채 썰어요.

4 볼에 밑국물 재료를 넣고 섞어 차갑게 두어요.
   설탕, 소금이 충분히 녹을 수 있도록 식초와 먼저 섞은 후 나머지 재료를 넣어요.

5 밑국물에 미역, 오이, 통깨를 넣고 완성해요.
   바로 먹을 때에는 물의 양을 줄이고, 얼음을 띄워 차갑게 먹어요.

가지냉국

2인분

20분

만 | 드 | 는 | 법

□ 가지 1개
□ 홍고추 1/2개

양념 재료

□ 다진 파 1숟가락
□ 다진 마늘 1/2숟가락
□ 소금 1/4숟가락
□ 참기름 약간
□ 깨 약간

밑국물 재료

□ 다진마늘 1/4숟가락
□ 식초 5숟가락
□ 설탕 3숟가락
□ 소금 1/2숟가락
□ 국간장 1/2숟가락
□ 물 3+1/2종이컵

1 가지는 길게 반을 자른 후 세로로 썰어 4등분 하고, 홍고추는 길게 반을 자른 후 씨를 제거하고 얇게 썰어요.

2 찜기에 열이 오르면 가지를 넣고 3분간 찐 다음, 불 끄고 2분간 뜸을 들여 식혀요.
   가지의 절단면이 위로 가도록 쪄주세요.
   랩을 씌운 뒤, 전자레인지에 넣고 1분씩 2~3번 나눠 돌려 익혀도 좋아요.

3 한 김 식힌 가지는 먹기 좋게 길게 찢은 후 손으로 물기를 가볍게 짜내요.

4 손질한 가지에 **양념 재료**를 넣고 가볍게 무쳐요.

5 볼에 **밑국물 재료**를 넣고 고루 섞어 차갑게 두어요.
   설탕, 소금이 잘 녹을 수 있도록 식초와 먼저 섞은 후 나머지 재료를 넣어요.

6 무쳐둔 가지에 밑국물을 붓고 홍고추를 올려 완성해요.
   먹기 직전에 밑국물을 부어 먹어야 냉국이 지저분해지지 않아요.

9.
밀가루
없는
면요리

밀가루 걱정 없이 즐기는 이색 면요리를 소개합니다. 밀가루 면 못지않은 식감으로
새로운 맛에 눈뜨실 거예요. 고소한 들기름막국수부터 탄탄두부면까지 급찐살 저격 레시피로
맛있는 다이어트 하세요.

급찐살 저격 레시피
소고기 메밀비빔면

씹을수록 고소한 메밀면으로 색다른 비빔면을 만들어
보세요. 다진 소고기와 쪽파를 듬뿍 올려 달걀노른자와
비벼 먹는 이색 면요리랍니다.

밀가루 없는
면요리
1위

2인분

 30분

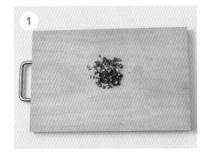

쪽파는 송송 썰어요.

볼에 **소고기고명 재료**를 고루 섞어 밑간을 해요.

달군 팬에 식용유를 두르고 밑간 한 소고기를 센 불에서 2분간 볶다가 중불에서 보슬보슬해질 때까지 볶아요.

끓는 물에 메밀국수를 넣고 찬물을 1/2컵씩 2번 넣어가며 삶아요.

 재료

□ 메밀국수 건면 2인분(200g)
□ 달걀 노른자 2개
□ 쪽파 5줄
□ 식용유 약간
□ 참기름 2숟가락

소고기고명 재료
□ 소고기 다짐육 1팩(200g)
□ 간장 3숟가락
□ 다진 마늘 1/2숟가락
□ 설탕 1숟가락
□ 맛술 1숟가락
□ 참기름 1/2숟가락
□ 후추 약간

삶은 메밀국수는 찬물에 여러 번 헹궈 체에 밭쳐 물기를 제거해요.

그릇에 삶은 메밀국수, 볶은 소고기, 노른자, 쪽파를 올리고 참기름을 둘러 완성해요.

밀가루 없는
면요리
2위

고소한 향에 빠지다
들기름막국수

코끝을 자극하는 고소한 향으로 입맛을 돋우는 메밀면 요리예요.
일반 간장으로 버무려도 되지만 맛간장을 만들어 사용하면 감칠맛으로 무장한 막국수를 즐길 수 있답니다.

2인분

 30분

1 가쓰오부시를 제외한 나머지 **맛간장 재료**를 냄비에 넣고 중불로 2분간 끓여요.

남은 맛간장은 밀폐용기에 담으면 10일간 냉장 보관이 가능해요.

2 불을 끄고 가쓰오부시를 넣어 5분간 우린 후 고운체에 걸러요.

3 끓는 물에 메밀국수를 넣고 찬물을 1/2컵씩 2번 넣어가며 삶아요.

4 삶은 메밀국수는 찬물에 여러 번 헹군 다음 체에 밭쳐 물기를 제거해요.

 재료

□ 메밀국수 건면 2인분(200g)
□ 김가루 3숟가락
□ 들기름 4숟가락
□ 통깨 1숟가락

맛간장 재료
□ 간장 4숟가락
□ 마늘 5톨
□ 청주 3숟가락
□ 맛술 2숟가락
□ 설탕 1숟가락
□ 다시마(10×10cm) 3장
□ 가쓰오부시 1줌

기호에 따라 맛간장을 추가로 넣어주세요.

5 볼에 삶은 메밀국수, 맛간장 2~3숟가락, 들기름을 넣고 버무려요.

6 그릇에 메밀국수를 담고 김가루, 통깨를 뿌려 완성해요.

깔끔한 국물에 반하다
닭고기누들

닭가슴살로 만든 담백한 육수로 맛을 낸 면요리예요.

얇고 투명한 게 특징인 녹두당면은 면을 익히는 시간이 짧아 육수만 있다면 금방 만들 수 있어요.

2인분

 60분

 재료

- ☐ 녹두당면(멍빈누들) 1/4봉(50g)
- ☐ 닭가슴살 1/2팩(250g)
- ☐ 쪽파 2줄
- ☐ 숙주 1줌(80g)
- ☐ 슬라이스 레몬 4개
- ☐ 피쉬소스 2숟가락
- ☐ 소금 1/4숟가락
- ☐ 후추 약간
- ☐ 베트남고추 3개

육수 재료
- ☐ 물 6종이컵
- ☐ 대파 1대
- ☐ 통마늘 3쪽
- ☐ 통후추 약간

① 녹두당면(멍빈누들)은 찬물에 30분간 담가 불려요.

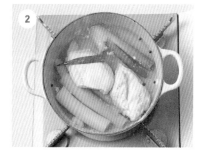

② 냄비에 **육수 재료**, 닭가슴살을 넣고 20~25분간 중불로 끓여요.

③ 닭가슴살은 건져 결대로 찢어 준비하고 육수는 체에 걸러요.

④ 체에 거른 육수를 냄비에 부은 뒤 불린 녹두당면을 체에 밭쳐 흔들면서 30~40초간 익혀요.

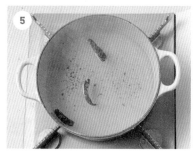

⑤ 녹두당면을 익혀낸 육수에 피쉬소스, 소금, 후추, 베트남고추를 넣고 뜨겁게 팔팔 끓여요.

⑥ 그릇에 녹두당면을 담고 숙주, 레몬, 닭가슴살, 송송 썬 쪽파를 올린 다음 뜨거운 육수를 부어 완성해요.

새로운 맛에 눈뜨는 즐거움!
골뱅이물회 미역국수

골뱅이 통조림으로 무침만 해드셨다면, 얼음 동동 시원한 물회국수 한번 만들어 보세요.
칼로리는 적고 식이섬유가 풍부한 미역국수로 만들면 야식으로 먹기에도 부담 없답니다.

★★★
밀가루 없는
면요리
4위

만|드|는|법

  2인분

30분

재료

☐ 미역국수 2봉(360g)
☐ 골뱅이 통조림 1캔(230g)
☐ 양배추 4장
☐ 당근 1/4개
☐ 깻잎 5장
☐ 양파 1/2개
☐ 오이 1/2개

육수 재료
☐ 냉면육수 1팩(300g)
☐ 골뱅이 통조림 국물 1/3종이컵
☐ 초고추장 3숟가락
☐ 다진 마늘 1/2숟가락
☐ 참기름 1숟가락
☐ 통깨 1/2 숟가락

1

육수 재료를 고루 섞은 뒤 냉동실에 넣고 살얼음이 생길 정도로 얼려요.

2

미역국수는 흐르는 물에 가볍게 헹군 뒤 체에 밭쳐 물기를 제거해요.

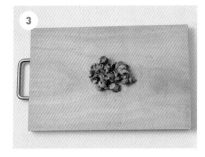

3

골뱅이는 2~3등분 해요.

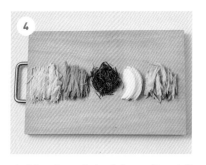

4

양배추, 당근, 깻잎, 양파, 오이는 곱게 채 썰어요.

5

그릇에 미역국수, 손질한 채소, 골뱅이를 올리고 차가운 육수를 부어 완성해요.

여름철 입맛은 내가 살린다!
초계미역국수

입안이 얼얼할 정도로 시원하게 먹어야 제맛! 한여름 더위를 날려버리고 몸보신까지 할 수 있는 초계국수 레시피예요.
면을 미역국수로 바꿔주면 새로운 별미로 즐길 수 있어요.

★★★
밀가루 없는
면요리
5위

2인분

 30분

냄비에 **닭가슴살고명 재료**를 넣고 중불에서 15~20분간 닭가슴살을 삶아요.

오이는 채 썰고, 방울토마토는 반으로 잘라요.

미역국수는 흐르는 물에 가볍게 헹구고 체에 받쳐 물기를 제거해요.

삶은 닭은 결대로 찢고 닭육수는 걸러서 식혀요.

 재료

□ 미역국수 2봉(360g)
□ 오이 1/2개
□ 방울토마토 4알
□ 냉동 냉면육수 400㎖
□ 연겨자 1숟가락
□ 식초 1숟가락
□ 설탕 1숟가락

닭가슴살고명 재료
□ 닭가슴살 1쪽
□ 대파 1대
□ 통마늘 5알
□ 통후추 약간
□ 물 5종이컵

냉동 육수를 사용하면 시원한 육수를 빨리 만들 수 있어요.

얼린 냉면육수와 닭육수 2종이컵, 연겨자, 설탕, 식초를 섞어 초계육수를 만들어요.

기호에 맞춰 식초, 연겨자를 더 넣어요.

그릇에 미역국수를 담고 오이, 방울토마토, 닭가슴살을 얹은 다음 초계육수를 부어 완성해요.

밀가루 없는
면요리
6위

가볍게 즐기는 태국식 요리
얌운센

새콤달콤한 맛이 매력적인 태국식 샐러드예요.
매운맛, 신맛, 단맛, 짠맛이 조화롭게 어우러져 먹을수록 자꾸만 빠져드는 누들 샐러드랍니다.

2인분

60분

 재료

- ☐ 녹두당면(멍빈누들) 1/4봉(50g)
- ☐ 양파 1/4개
- ☐ 방울토마토 5알
- ☐ 쪽파 3줄
- ☐ 양상추 1/5통
- ☐ 탈각새우 6마리
- ☐ 오징어 1/2마리
- ☐ 소금 1/4숟가락
- ☐ 땅콩분태 1숟가락

소스 재료

- ☐ 다진 홍고추 1개
- ☐ 레몬즙 3숟가락
- ☐ 피시소스 2숟가락
- ☐ 설탕 2숟가락
- ☐ 식초 1숟가락
- ☐ 스리라차소스 1숟가락
- ☐ 스위트칠리소스 1숟가락
- ☐ 소금 약간
- ☐ 후추 약간

1. 녹두당면(멍빈누들)은 찬물에 30분간 담가 불려요.

2. 양파는 곱게 채 썰고, 쪽파는 5cm 길이, 방울토마토는 1/2등분, 양상추는 한입 크기로 썰어요.

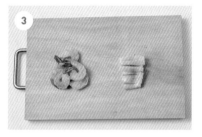

3. 새우는 등쪽에 칼집을 내고, 오징어는 껍질을 제거한 후 1.5cm 폭으로 썰어요.

데친 후 바로 찬물에 헹궈 물기를 제거해요.

4. 끓는 물에 불린 녹두당면(멍빈누들)을 넣고 30초간 흔들어가며 데쳐요.

5. 당면을 삶은 물에 소금을 넣고 오징어, 새우를 데친 후 찬물에 담가 식히고 물기를 제거해요.

6. 볼에 **소스 재료**를 넣고 섞어요.

7. 삶은 녹두당면, 손질한 채소, 데친 해산물을 소스와 함께 버무려요.

고수를 좋아하면 같이 곁들여요.

8. 접시에 양상추를 깔고 **7**을 담은 후 땅콩분태를 뿌려 완성해요.

255

입안 가득 이색 풍미
곤약겨자냉채

톡 쏘는 맛이 일품인 겨자소스 냉채요리예요.
꼬들꼬들한 식감을 지닌 곤약면은 밀가루 면에 비해 탄수화물 함량이 낮아 칼로리 걱정을 확 줄여줘요.

2인분

 20분

식초를 넣어 데치면 곤약 특유의 냄새를 없앨 수 있어요.

1

끓는 물에 곤약면과 식초를 넣고 1분간 데친 다음 찬물에 헹궈 물기를 제거해요.

2

오이, 파프리카, 햄을 채 썰어요.

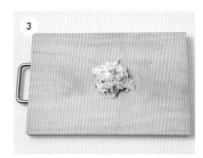

3

크래미는 포크로 긁어 결대로 찢어요.

4

소스 재료를 섞어 냉채소스를 만들어요.

5

그릇에 곤약면, 손질한 재료를 담은 후 검은 깨를 뿌리고 냉채소스를 곁들여 완성해요.

 재료

- □ 실곤약면 2인분(400g)
- □ 오이 1/2개
- □ 빨강 파프리카 1/2개
- □ 크래미 3개
- □ 슬라이스 햄 2장
- □ 검은깨 약간
- □ 식초 1숟가락

소스 재료

- □ 연겨자 3숟가락
- □ 설탕 3숟가락
- □ 식초 3숟가락
- □ 간장 1/2숟가락

여름엔 콩국수가 진리
곤약콩국수

두유를 사용해 간단하게 콩국수를 만들어요.
담백한 맛을 원할 때는 무가당 두유를 사용하면 좋아요.

밀가루 없는
면요리
8위

2인분

20분

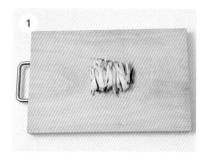

오이는 채 썰어요.

식초를 넣고 곤약면을 데치면 곤약 특유의 냄새를 없앨 수 있어요.

끓는 물에 곤약면과 식초를 넣고 1분간 데친 다음 찬물에 헹궈 물기를 제거해요.

기호에 따라 소금 간을 해요. 토마토를 잘라 곁들여 먹어요 좋아요.

그릇에 곤약면, 오이를 담고 두유를 부은 다음 통깨를 뿌려 완성해요.

 재료

□ 실곤약면 2인분(400g)
□ 두유 4종이컵
□ 오이 1/2개
□ 식초 1숟가락
□ 통깨 약간

선택 재료
□ 토마토 1/2개
□ 소금 약간

고소하고 식감 좋고!
탄탄두부면

저탄수화물식이 유행하면서 면의 종류도 굉장히 다양해졌는데요. 그중에서 가장 핫한 면이 있다면 바로 두부면이 아닐까요?
두부의 고소한 맛이 살아있는 두부면으로 중국식 비빔면인 탄탄면을 만들어 보세요.

밀가루 없는
면요리
9위

2인분

30분

두부면은 흐르는 물에 가볍게 헹군 후 체에 밭쳐 물기를 제거해요.

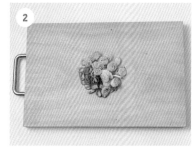

대파는 송송 썰어요.

진한 맛을 내고 싶다면 땅콩버터를 추가로 넣어요.

냄비에 사골육수, 땅콩버터, 두반장, 간장을 넣고 끓여요.

달군 팬에 식용유를 두르고 **고명 재료**의 돼지고기, 다진 마늘을 넣고 중불에서 3~4분간 볶아요.

재료

- ☐ 두부면 2인분(200g)
- ☐ 시판 사골육수 2팩(1ℓ)
- ☐ 땅콩버터 2~3숟가락
- ☐ 두반장 1/2숟가락
- ☐ 간장 1숟가락
- ☐ 대파 1/2대
- ☐ 식용유 약간

고명 재료

- ☐ 돼지고기 다짐육 1팩(400g)
- ☐ 간장 2숟가락
- ☐ 두반장 1숟가락
- ☐ 설탕 1/2숟가락
- ☐ 다진 마늘 1/2숟가락

나머지 **고명 재료**를 넣고 보슬보슬하게 볶아 고명을 만들어요.

데친 청경채, 숙주를 함께 곁들이면 좋아요.

그릇에 두부면을 넣은 다음 끓여둔 육수를 붓고 돼지고기 고명, 대파를 올려 완성해요.

두부면의 매력에 빠져보는
두부면 알리오올리오

오일 파스타인 알리오올리오도 고소한 두부면으로 만들어 보세요. 씹을수록 고소하고 담백한 맛에 자꾸만 손이 가요.

2인분

 20분

1

두부면은 흐르는 물에 가볍게 헹궈 체에 밭쳐 물기를 제거해요.

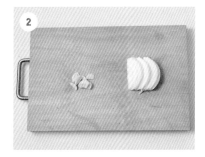

2

마늘은 얇게 썰고, 양파는 채 썰어요.

3

달군 팬에 올리브유를 두르고 마늘, 양파를 중약불에서 2분간 볶아 향을 내요.

4

물 1종이컵, 치킨파우더를 넣고 중불에서 끓이다 두부면, 블랙올리브를 넣고 소금, 후추로 간을 맞춰 볶아요.

 재료

- ☐ 두부면 2인분(200g)
- ☐ 마늘 3톨
- ☐ 양파 1/3개
- ☐ 블랙올리브 2숟가락
- ☐ 올리브유 3숟가락
- ☐ 소금 1/2숟가락
- ☐ 후추 약간
- ☐ 치킨파우더 1/4숟가락
- ☐ 어린잎채소 약간

5

그릇에 담은 후 어린잎채소를 올려 완성해요.

초간단 샐러드

연두부샐러드

1인분

10분

만|드|는|법

□ 연두부 1모(250g)
□ 어린잎채소 1/2팩(25g)
□ 빨강 파프리카 1/6개
□ 양파 1/6개

소스 재료
간장 1+1/2숟가락
식초 2/3숟가락
설탕 1/2숟가락
다진 마늘 1/2숟가락
참기름 1/4숟가락
통깨 약간

1 빨강 파프리카와 양파는 다져요.

2 볼에 **1**과 **소스 재료**를 넣고 섞어요.

3 연두부 위에 어린잎채소를 올린 후 소스를 부어 완성해요.

토마토카프레제

4인분

15분

만 | 드 | 는 | 법

□ 토마토 2개
□ 생모차렐라치즈 2개
□ 소금 약간
□ 후추 약간

소스 재료
□ 시판발사믹소스 1/2종이컵
□ 다진 양파 1숟가락

선택 재료
□ 어린잎채소 1/3팩(15g)

1 토마토, 생모차렐라치즈는 일정한 두께로 썰어요.

2 토마토와 생모차렐라치즈에 소금과 후추를 뿌려 밑간해요.

3 볼에 **소스 재료**를 넣고 소스를 만들어요.

4 접시에 토마토, 생모차렐라치즈를 번갈아가며 놓아요.

5 그 위에 어린잎채소를 올리고 소스를 뿌려 완성해요.

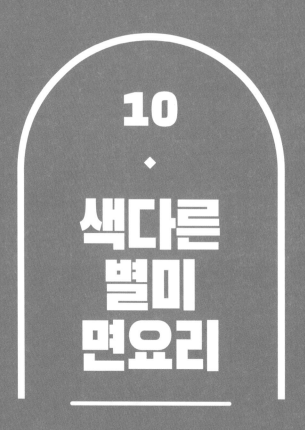

10

색다른
별미
면요리

이색 면요리 한 그릇이면 집에서도 레스토랑 분위기를 한껏 낼 수 있어요. 여심을 흔드는 로제 쉬림프파스타부터 초간단 팟타이까지 풀코스 요리 부럽지 않은 별미 면요리를 즐겨보세요.

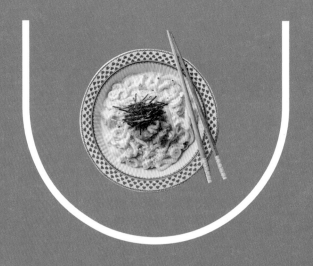

모두를 매혹시킬 이색 우동

명란와사비 크림우동

부드러운 크림소스에 짭짤한 명란젓을 넣어 감칠맛을 더한 우동이에요. 생와사비를 넣어 크림의 느끼함까지 잡아 보세요.

색다른 별미
면요리
1위

2인분

 20분

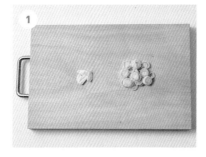

1

마늘은 얇게 썰고, 대파는 송송 썰어요.

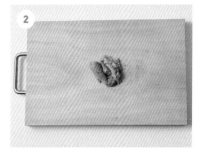

2

명란젓은 배를 갈라 칼등으로 긁어 껍질을 제거해요.

3

끓는 물에 우동사리를 2분간 삶은 후 체에 밭쳐 물기를 제거해요.

4

팬에 올리브유를 두르고 마늘, 대파를 볶아 향을 내요.

5

생크림, 우유를 넣고 한소끔 끓으면 중불에서 우동사리, 소금, 후추를 넣고 2분간 볶아요.

6

김가루, 무순 등을
곁들여도 좋아요.

불을 끈 다음 명란젓, 생와사비를 넣고 버무려 완성해요.

 재료

☐ 우동사리 2인분(420g)
☐ 생크림 2종이컵
☐ 우유 1종이컵
☐ 생와사비 1숟가락
☐ 백명란 2개
☐ 대파 1/4대
☐ 마늘 2톨
☐ 소금 약간
☐ 후추 약간
☐ 올리브유 약간

선택 재료

☐ 김가루
☐ 무순

펜네와 간장 드레싱의 명품조합

펜네파스타샐러드

펜의 촉을 닮았다고 해서 이름 붙여진 펜네파스타는 가운데 구멍이 뚫려있어 안까지 소스가 쏙쏙 배어들어요.
친숙한 간장 베이스 드레싱으로 버무려 어르신분들도 좋아할 만한 메뉴예요.

★★★
색다른 별미
면요리
2위

2인분

 20분

1 방울토마토는 반으로 자르고, 파프리카는 한입 크기로 썰어요.

올리브유에 가볍게 버무리면 식으면서 붙지 않아요.

2 끓는 물 1ℓ에 소금, 펜네를 넣고 10분간 삶아 물기를 제거한 후 올리브유에 버무리고 체에 밭쳐 식혀요.

3 드레싱 재료를 섞어 오리엔탈 드레싱을 만들어요.

4 볼에 펜네, 채소, 블랙올리브, 드레싱을 넣고 버무려요.

샐러드 채소를 추가로 넣어도 좋아요.

5 접시에 펜네파스타를 담고 파마산치즈가루를 뿌려 완성해요.

 재료

□ 펜네 1종이컵
□ 방울토마토 5개
□ 노랑 파프리카 1/2개
□ 슬라이스 블랙올리브 3숟가락
□ 소금 1숟가락
□ 올리브유 1숟가락
□ 파마산치즈 1숟가락

드레싱 재료
□ 간장 3숟가락
□ 식초 3숟가락
□ 올리브유 4숟가락
□ 다진 양파 2숟가락
□ 소금 약간
□ 후추 약간

선택 재료
□ 샐러드 채소

카레에 우동국수 투하!
소고기 카레우동

카레에 밥만 비벼 먹으라는 법 있나요? 오동통한 우동면과 카레의 조합은 기대를 저버리지 않는답니다.
오늘은 색다른 우동을 즐겨 보세요.

만 | 드 | 는 | 법

 2인분

30분

양파는 채 썰고, 대파는 송송 썰어요.

달군 팬에 식용유를 두르고 소고기, **소고기양념 재료**를 넣은 다음 중불에서 보슬보슬하게 볶아 한 김 식혀요.

달군 팬에 양파를 볶다가 투명해지면 물 3종이컵, 고형카레를 넣고 중약불에서 10분간 끓여요.

끓는 물에 우동사리를 2분간 삶고 체에 밭쳐 물기를 제거해요.

 재료

- □ 소고기 다짐육 1팩(200g)
- □ 우동사리 2인분(420g)
- □ 양파 1/2개
- □ 대파 1/2대
- □ 고형카레 1조각
- □ 식용유 약간

소고기양념 재료
- □ 간장 1숟가락
- □ 설탕 1/2숟가락
- □ 소금 약간
- □ 후추 약간

그릇에 우동사리와 카레를 담고 소고기, 대파를 얹어 완성해요.

참을 수 없는 볶음면의 유혹
팟타이

집에서도 바로 만들어 먹을 수 있도록 피시소스 없이 만든 초간단 팟타이랍니다.
피시소스 대신 액젓을 넣고 땅콩버터로 고소함을 더해 후루룩 먹기 좋은 별미 음식이에요.

만 | 드 | 는 | 법

 2인분

 50분

재료

- ☐ 볶음 쌀국수면 2인분(100g)
- ☐ 탈각새우 8마리
- ☐ 땅콩분태 1숟가락
- ☐ 부추 1/2줌(50g)
- ☐ 달걀 2개
- ☐ 양파 1/2개
- ☐ 숙주 1줌(80g)
- ☐ 식용유 약간
- ☐ 소금 약간
- ☐ 후추 약간

소스 재료
- ☐ 간장 2숟가락
- ☐ 땅콩버터 1숟가락
- ☐ 멸치액젓 2숟가락
- ☐ 설탕 3숟가락
- ☐ 올리고당 1숟가락
- ☐ 스리라차소스 1숟가락
- ☐ 물 2숟가락

1
여름철에는 20분,
겨울철에는 30분 이상
불려요.

찬물에 쌀국수 면을 30분간 담가 충분히 불려요.

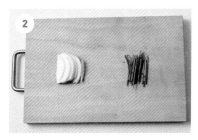

2
부추는 5cm 길이로 썰고, 양파는 채 썰어요.

3
볼에 **소스 재료**를 섞어 팟타이소스를 만들어요.

4
달걀은 소금 2꼬집을 넣어 고루 풀어요.

5
달군 팬에 식용유를 두르고 달걀을 부은 다음 중약불에서 스크램블 하여 접시에 덜어놓아요.

6
스크램블을 한 팬에 식용유를 두르고 중불에서 양파, 새우를 볶아준 다음 소금, 후추로 간을 맞춰요.

7
불린 쌀국수, 팟타이소스를 넣고 소스가 배일 때까지 센 불에서 빠르게 볶아요.

8
스크램블, 부추, 숙주를 넣고 가볍게 볶은 다음 땅콩분태를 뿌려 완성해요.

달콤짭짤한 맛으로 취향 저격!

분짜

베트남식 비빔쌀국수예요. 달콤짭짤한 느억맘소스에 면과 채소, 고기를 함께 푹 담가 먹으면 이국적인 맛에 푹 빠지실 거예요.

2인분

 40분

 재료

☐ 쌀국수(버미셀리) 2인분(100g)
☐ 돼지고기 앞다릿살(불고기용)
　1/2팩(250g)
☐ 양파 1/2개
☐ 상추 10장
☐ 식용유 약간

느억맘소스 재료

☐ 멸치액젓 5숟가락
☐ 식초 3숟가락
☐ 설탕 3숟가락
☐ 다진 당근 2숟가락
☐ 송송 썬 쪽파 2줄기
☐ 물 3종이컵

돼지고기양념 재료

☐ 간장 3숟가락
☐ 설탕 2숟가락
☐ 굴소스 1/2숟가락
☐ 다진마늘 약간
☐ 참기름 1/2숟가락
☐ 후추 약간

선택 재료

☐ 고수 적당량

1 쌀국수(버미셀리)는 찬물에 30분 이상 담가 불려요.

돼지고기는 한입 크기로 썰어 넣어도 좋아요.

2 볼에 **돼지고기양념 재료**를 섞고 돼지고기를 넣어 10분간 재워요.

3 양파는 채 썰고, 상추는 한입 크기로 썰어요.

액젓 대신 피시소스, 식초 대신 라임즙을 넣으면 더 베트남에 가까운 맛을 낼 수 있어요.

4 볼에 **느억맘소스 재료**를 넣고 설탕이 녹을 때까지 섞어요.

수분은 날리되 타지 않게 바싹 볶아요.

5 달군 팬에 식용유를 두르고 돼지고기를 넣어 중불에서 4~5분간 볶아요.

6 끓는 물에 불린 쌀국수를 30초간 익힌 다음 찬물에 헹궈 물기를 제거해요.

7 접시에 쌀국수, 돼지고기, 상추, 양파를 담고 느억맘소스를 곁들여 완성해요.

마음을 흔드는 맛

로제쉬림프파스타

크림파스타냐, 토마토파스타냐? 선택하기 어려울 땐 두 가지 맛을 모두 즐길 수 있는 로제파스타를 만들어 보세요.
크리미한 토마토소스가 입맛을 사로잡을 거예요.

2인분

 30분

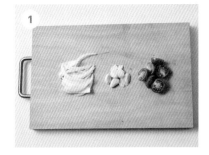

1. 양파는 채 썰고, 마늘은 얇게 썬 다음 방울토마토는 반으로 잘라요.

2. 끓는 물에 소금 1숟가락을 넣고 페투치니면을 10분간 삶아 건져요.

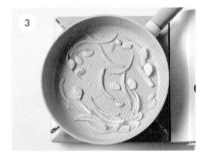

3. 면을 삶는 동안 달군 팬에 올리브유를 두르고 마늘, 양파를 중불에서 2분간 볶아 향을내요.

4. 양파가 투명해지면 새우를 넣고 소금, 후추로 간을 맞추며 볶아요.

재료

- ☐ 페투치니면 2인분(160g)
- ☐ 양파 1/2개
- ☐ 마늘 10톨
- ☐ 탈각새우 12마리
- ☐ 방울토마토 5개
- ☐ 토마토소스 1종이컵
- ☐ 생크림 2종이컵
- ☐ 올리브유 3숟가락
- ☐ 소금 약간
- ☐ 후추 약간

선택 재료
- ☐ 파슬리가루
- ☐ 파마산치즈가루

> 파슬리가루나 파마산치즈가루를 뿌려도 좋아요.

5. 토마토소스, 생크림을 중약불에서 한소끔 끓인 후 방울토마토, 페투치니면을 넣고 2~3분간 볶은 다음 소금, 후추로 간을 맞춰 완성해요.

풀코스 요리 부럽지 않아
만두피라자냐

라자냐는 얇은 파스타면과 소스를 켜켜이 쌓아올려 만드는
이색 요리예요. 라자냐면을 구하기 어렵다면 만두피를 이용해
만들어 보세요. 토마토소스나 크림소스 한 가지만 넣어도 맛있지만
2가지를 함께 넣으면 훨씬 더 풍부한 맛을 느낄 수 있답니다.

★★★
색다른 별미
면요리
7위

2인분

 40분

① 양송이버섯은 얇게 썰고, 방울토마토는 반으로 잘라요.

② 달군 팬에 올리브유를 두르고 다진 마늘, 다진 양파를 중불에서 2분간 볶아요.

③ 소고기를 넣고 중불에서 보슬보슬하게 볶아요.

눌어붙지 않게 바닥까지 잘 저어가며 끓여요.

④ 양송이버섯, 방울토마토를 넣고 1~2분 간 볶다가 토마토소스를 넣고 소금, 후추로 간을 맞춰 끓여요.

 재료

- □ 만두피 10장
- □ 소고기다짐육 1/2팩(100g)
- □ 토마토소스 2/3종이컵
- □ 크림파스타소스 1종이컵
- □ 양송이버섯 2개
- □ 방울토마토 5개
- □ 피자치즈 1종이컵
- □ 올리브유 3숟가락
- □ 소금 약간
- □ 후추 약간
- □ 다진 양파 1/2개
- □ 다진 마늘 1/2숟가락

⑤ 오븐용기에 크림파스타소스, 만두피, 토마토소스 순으로 3번 번갈아 가며 담아요.

만두피는 뜨거운 물에 1장씩 담가 사용해요.

⑥ 피자치즈를 올리고 190도 예열된 오븐에 15~20분간 구워 완성해요.

전자레인지로 하는 법

만두피는 삶아서 사용하고, 순서대로 쌓은 만두피라자냐는 전자레인지에 뚜껑을 닫고 3분, 열고 3분간 익혀 만들어요.

진한 국물과 쫄깃한 면발!
칼순대

진한 국물의 순댓국에 칼국수를 넣어 별미로 즐겨 보세요. 순댓국 양념장을 곁들여 칼칼한 맛도 더했어요.

만 | 드 | 는 | 법

 2인분

 30분

1 부추는 4~5cm 길이로 썰고, 대파는 송 송 썰어요.

양념장은 전날 만들어 숙성시키면 고춧가루 풋내가 나지 않아요.

2 볼에 **양념장 재료**를 넣고 양념장을 만들 어요.

3 냄비에 사골육수를 넣어 끓으면 칼국수 를 넣고 중불로 끓여요.

4 칼국수가 반 정도 익으면 순대를 넣고 센 불에서 2분간 끓여요.

기호에 따라 청양고추를 넣어도 좋아요.

5 그릇에 담고 양념장을 기호에 맞춰 넣은 다음 부추, 들깻가루, 대파를 올려 완성 해요.

 재료

- □ 칼국수면 2인분(400g)
- □ 순대 1/2팩(250g)
- □ 사골육수 6종이컵
- □ 부추 1줌(100g)
- □ 대파 1/2대
- □ 들깻가루 3~4숟가락

양념장 재료

- □ 고춧가루 5숟가락
- □ 다진 마늘 1숟가락
- □ 새우젓 1숟가락
- □ 간장 4숟가락
- □ 후추 약간

선택 재료

- □ 청양고추 1개

술 덜 깬 분 계신가요?

굴짬뽕

술 마신 다음 날 해장으로 좋은 시원한 굴짬뽕이에요.
굴 이외에도 새우나 홍합 등 좋아하는 해산물을 더하면 훨씬 감칠맛 나는 짬뽕을 만들 수 있어요.

★★★
색다른 별미
면요리
9위

2인분

 30분

재료

- ☐ 중화생면 2인분(200g)
- ☐ 생굴 1종이컵
- ☐ 부추 1/3줌(30g)
- ☐ 냉동 해물믹스 1봉(80g)
- ☐ 대파 1/2대
- ☐ 마늘 3톨
- ☐ 청양고추 2개
- ☐ 치킨파우더 1/3숟가락
- ☐ 간장 1숟가락
- ☐ 굴소스 1숟가락
- ☐ 청주 1/2숟가락
- ☐ 참기름 약간
- ☐ 식용유 3숟가락
- ☐ 소금 약간

굴 껍질이 남아있을 수 있으니 잘 살펴보며 씻어요.

1 굴은 옅은 소금물에 흔들어 씻고 체에 밭쳐 물기를 제거해요.

2 부추, 대파는 5cm 길이로 썰고, 마늘은 얇게 썰고, 청양고추는 송송 썰어요.

3 달군 팬에 식용유를 두르고 대파, 마늘을 중불에서 볶아 향을 내요.

4 해물믹스를 넣고 센 불에서 가볍게 볶은 다음, 간장, 청주, 굴소스를 넣고 빠르게 볶아요.

5 물 6종이컵, 치킨파우더를 넣고 바글바글 끓여요.

6 끓는 동안 다른 냄비에 물을 끓인 다음 생면을 넣고 2분간 삶아 건져요.

7 5가 팔팔 끓으면 삶은 면, 굴, 청양고추를 넣고 센 불에서 2~3분간 더 끓여요.

8 불을 끄고 참기름, 부추를 넣어 완성해요.

새콤한 피클

매콤오이피클 (마라황과)

2인분

30분

만|드|는|법

□ 오이 2개
□ 굵은소금 1숟가락
□ 마늘 3톨

절임양념 재료
□ 설탕 4숟가락
□ 식초 5숟가락
□ 소금 1/2숟가락
□ 고추기름 1숟가락
□ 두반장 1/2숟가락

1 오이는 검지손가락 크기로 썰고, 마늘은 굵게 다지거나 칼등으로 으깨요.
  오이에 씨가 많으면 제거하고 사용해요.

2 손질한 오이는 굵은소금을 넣고 버무려 20분간 절여요.

3 절인 오이는 물에 가볍게 헹구고 물기를 손으로 가볍게 짜요.

4 볼에 **절임양념 재료**, 마늘을 섞어 절임양념을 만들어요.

5 밀폐용기에 오이, 절임양념을 부어 완성해요.
  냉장고에서 3시간 정도 숙성한 후 차갑게 먹으면 더 맛있어요.

치킨무

10회분

30분

만 | 드 | 는 | 법

□ 무 1/2개(1200g)

절임물 재료

□ 물 3종이컵

□ 설탕 2+1/3종이컵

□ 식초 3종이컵

□ 소금 1숟가락

1 유리병은 열탕소독해요.

2 무는 껍질을 벗기고 깍둑썰기 해요.

3 냄비에 **절임물 재료**를 넣고 센 불에서 한소끔 끓여요.

4 열탕소독한 병에 무를 넣고 절임물을 뜨거울 때 부은 뒤 차게 식히고 뚜껑을 덮어
완성해요.
1~2일간 서늘한 실온에서 숙성한 후 냉장 보관해 드세요.